自动化类实验系列教材

自动控制原理仿真实验教程

朱文兴　主编

山东大学出版社
SHANDONG UNIVERSITY PRESS
·济南·

内容简介

本书介绍了七个自动控制原理仿真实验,分别为控制系统数学模型、典型环节的模拟方法及动态特性、控制系统的时域分析、控制系统的根轨迹分析、控制系统的频域分析、串联校正环节设计和离散控制系统分析。为了帮助读者学习本书的核心内容,本书最后增加了四个附录,分别是仿真实验源程序及实验结果、线上课程题目(含答案)、MATLAB 基本知识和 z 变换与拉普拉斯变换。

本书主要面向信息与控制类、电气工程类、仪器类以及机械工程类等专业高年级学生,也可以供部分跨学科攻读控制工程、电气工程类学科的研究生学习和使用。

图书在版编目(CIP)数据

自动控制原理仿真实验教程/朱文兴主编. -- 济南:
山东大学出版社,2024.3. -- (自动化类实验系列教材).
ISBN 978-7-5607-8154-9

Ⅰ. TP13;TP273-33

中国国家版本馆 CIP 数据核字第 2024BH4629 号

策划编辑　祝清亮
责任编辑　曲文蕾
封面设计　王秋忆

自动控制原理仿真实验教程

ZIDONG KONGZHI YUANLI FANGZHEN SHIYAN JIAOCHENG

出版发行	山东大学出版社
社　　址	山东省济南市山大南路 20 号
邮政编码	250100
发行热线	(0531)88363008
经　　销	新华书店
印　　刷	山东和平商务有限公司
规　　格	787 米×1092 毫米　1/16
	9.25 印张　188 千字
版　　次	2024 年 3 月第 1 版
印　　次	2024 年 3 月第 1 次印刷
定　　价	38.00 元

前　言

　　近年来,教育数字化已成为社会关注的热点。教育部逐步加大教育数字化建设的力度,着力完善教育数字化体系,不断提升教师数字化应用能力,助推各类优质教育资源的数字化、信息化发展进程。全国各高等学校和各级教学组织纷纷响应教育部号召,出台相关政策和文件,通过推进课程、教材、实验、教研、教管、图书文献、教学资源库、教学质量监测、国际合作、管理决策等"十大板块"数字化,助力提升高校人才培养能力。

　　实验教学是一种重要的教学方法,是课堂教学的重要辅助手段,不仅可以帮助学生加深对课程理论知识的理解,而且可以提高学生的学习兴趣,提升综合素质,培养实践能力、创新能力和团队合作精神。

　　自动控制原理课程理论性强,加上课堂理论与实验教学不同步,导致不少修读该课程的学生感到学习难度较大,理论知识理解不深刻、不透彻。针对上述问题,2013—2015年,作者以自动控制原理课程实验为例,主持完成了山东大学教改项目"工科专业理论基础课实验进课堂教学新模式的探索与实践",利用教学实践,深入探索并证明了跟随课堂开展理论性仿真实验教学新模式的有效性,得到了广大学生的好评。

　　本书是作者基于山东大学教学改革研究项目的成果和多年讲授自动控制原理课程的经验,编写而成的理论性仿真实验教材。本书首先介绍了实验基础知识,然后讲述了七个重要实验。每个实验既介绍了理论性原理知识,又介绍了 MATLAB 仿真实验编程原理,将理论知识与实验内容有机衔接起来,使读者更容易学习和理解。最后部分设置了四个相关附录,包括七个仿真实验的源程序及实验结果、与自动控制原理实验相关的习题(线上、线下)、MATLAB 函数和数学工具表。本书还配有自动控制原理仿真实验课程教学视频,在"智慧树"在线教育平台上运行,读者可以通过线上、线下或者线上与线下结合的方式自主开展仿真实验。

　　本书具有较高的教学价值,是自动控制原理课程理论教学与实验教学密切联系的桥梁,为讲授该课程的教师提供了一种理论知识与仿真实验相互融合的新教学模式。

　　本书由朱文兴教授编写,编写过程中得到了赵文博、庄云龙等研究生的大力协助,他们协助校对了全部文字和图表,为本书最终成稿做出了贡献。本书的出版得到了国家自然科学基金项目(No.61773243)的经费资助以及山东大学出版社的大力支持,在此一并表示感谢。

在书稿内容方面,作者查阅和借鉴了大量网络资料及相关文献,衷心向各位作者表示感谢。另外,受作者水平所限,书中难免存在不当之处,敬请读者批评指正。

作 者

2023 年暑期于山东大学千佛山校区

目　录

绪　论

　　自动控制原理课程理论性强,知识比较难懂,对于初学者而言学习难度较大。本书作者意识到这个问题后通过各种方式来提升教材的可读性[1-2]。MATLAB 语言是一种通用性很强的辅助学习工具,特别是在理论仿真实验教学过程中,已经成为该类课程不可或缺的编程语言。关于 MATLAB 语言的参考书较多[3-6],读者可自行查阅。

　　关于自动控制原理教学(包括实验教学),众多教师针对课程特点探索了一系列有效的教学改革举措,取得了相当不错的成效。齐晓慧等[7]开展了基于"三层次"的自动控制原理实验教学方法研究。他们结合实验教学过程中的教学方法,提出了基于 MATLAB 数学仿真、基于 EWB 电子仿真以及基于物理环境实验的"三层次"实验教学模式,分别从数学模型、电路模型和实际物理系统的角度对学生进行实验能力训练。教学实践表明,三种不同环境下的实验教学方法可以在发挥各自优势的同时,有效提高教学效果,培养学生的工程实践能力。孙洁[8]针对传统实验教学的弊端,围绕培养创新型人才的目标,以直观、形象、生动的实践环节为突破口,通过整合优化实验教学内容、搭建虚拟实验平台、实施开放式实验教学、建立科学考核评价方法等措施,对自动控制原理课程实验教学改革进行了有益的实践与探索。金鑫等[9]以实验"线性系统的时域分析"为例,提出一种发挥学生主动性的自己动手设计实验电路图、连接实际电路、仿真验证的教学方案,通过虚拟示波器上二阶系统过渡过程的阶跃响应曲线与 MATLAB 仿真结果的对比,帮助学生更好地理解二阶系统在不同参数条件下的状态。这既增强了学生对知识点的理解,又培养了学生的独立思考能力、动手能力,充分调动了学生的学习积极性。崔治等[10]针对自动控制原理课程教学问题,以培养学生现代工程素质为目的,从师资队伍、教材建设、教学内容、教学方法、实验教学、考核方式六个方面进行了研究与探索。刘芹等[11]为了提高自动控制原理课程的教学质量,解决课程中数学公式多、计算复杂、不好理解等问题,将 MATLAB 应用于该课程的教学中,并给出了具体的教学实例。教学实践表明,使用MATLAB 作为教学辅助有利于提高学生的学习兴趣和主动性,培养学生分析问题和解决问题的能力。燕涛等[12]探讨了自动控制原理实验课程教学的改革措施,包括优化实验内容、改革实验手段和完善考核方法,有助于加深学生对经典控制理论基本原理和综合系统分析方法的理解,提高了学生的综合运用知识的能力和实践创新能力。王喜莲等[13]针对自动控制原理课程的传统课堂讲授教学模式,探讨了促进学生从被动接受知识转变为主动探究学习、掌握扎实的控制论知识、具备解决工程实践问题的能力的教学方法;并结合教学体会,给出了围绕课程主线教与学、培养学生思考习惯及应用计算机辅助工具的教学实践方法。实践表明,这些教学实践方法能有效促进学生建立系统的分析与设计思路,提高其解决工程实践问题的能力。吴宪祥等[14]探索了基于 MATLAB 的自动控制原理课程辅助教学方法。针对自动控制原理课程传统教学中存在的概念抽象、理解困难等问题,借助 MATLAB 的强大运算能力和数据可视化功能,结合教学过程中的重点、难点,搭建自动控制原理仿真实验平台,有效提高了教学的针对性和直观性,对自动控制原理课程教学改革具有良好的借鉴意义。张姣等[15]为了强化教学效果、培养学生的学习兴趣和应用能力,在教学中尝试引入 MATLAB,利用 MATLAB 软件丰富的内建函数和强大的绘图功能,帮助学生直观地分析和设计自动控制系统。在教学过程中,通过MATLAB 对自动控制系统进行简化和稳定性判定,并求解系统的动态性能指标和稳态性能指标,对一些典型环节进行根轨迹、频域分析,将抽象的理论通过 MATLAB 直观地表示出来,既可以提高学习效率,也增加了学生的学习兴趣。王桂芳等[16]针对目前自动控制原理实验教学中存在的问题和不足,提出了实验教学改革思想、目标和措施,从教学内容体系、实验教材、教学方法、考核形式以及实验教学管理模式等方面进行了一系列改革探索。他们提出的改革创新实验教学措施,有助于激发学生的学习积极性,促进学生对基础理论知识的系统性学习,提高学生分析问题与解决问题的能力,培养学生的工程实践能力、综合应用能力、创新能力和协作能力。张园等[17]在自动控制原理课程教学中,基于工程教育理念,结合军队院校实战化教学要求,以"案例贯穿、理实一体、混合探究"教学模式为中心,从教学内容、案例设计、教学方法、评价机制四个方面对课程进行了系统改革,将舰载装备随动系统典型案例贯穿整个教学过程,将理论分析与软件、硬件仿真结合为一体,并采用"雨课堂"软件进行课前预习和课后拓展。该教学方法对院校专业基础课程改革具有参考价值。朱文兴[18]针对自动控制原理课程思政教育需求,设计了四个与教学内容相匹配的课程思政教学案例,从控制理论发展历史中挖掘"民族自信心和爱国主义"教育元素,从反馈控制原理中挖掘"唯物辩证法"思想,从频率特性理论的形成中挖掘"众人拾柴火焰高"的真理,从离散控制系统中挖掘"发展民族自主品牌"的重要意义。课堂教学实践表明,该教学方法有良好的教育效果。李珊珊等[19]利用 MATLAB 强大的数值计算及绘图功能,对自动控制原理课程的教学形式和内容进行了有力改革,从而有效地提高了课堂教学效率及教学效果。席敏燕[20]为了提高教学效果,激发学生的学习兴趣,在教学中引入 MATLAB 作为教学辅助工具,借助 MATLAB 对线性控制系统的传递函数、时域分析、根轨迹分析等进行仿真,将理论教学与 MATLAB 仿真相结合,加深学生对理论知识的理解。程荣俊等[21]为提高教学质量,开发了面向自动控制原理课程教学的仿真软件。他们基于MATLAB GUI开发平台,通过编写算法实现了控制系统的时域分析、根轨迹分析和频率响应分析等典型分析功能,开发了典型工程控制案例——直流调速系统,通过可视化界面帮助学生理解经典控制理论在实际工程中的应用。该仿真软件使复杂的理论教学变得简单、直观,极大地提高了课堂教学效率与教学质量。刘冲等[22]针对自动控制原理实验课程教学,采用实验箱模拟、Multisim 和 MATLAB/Simulink 仿真等多维度模式进行实验,拓宽了实验渠道,调动了学生的主观能动性,提升了实验效率。他们在实验教学过程中通过对比分析不同实验环境下得到的实验结果和数据,加深了学生对理论知识的深入理解和掌握。教学实践表明,多维度实验教学避免了实验箱实验的局限性,锻炼和提高了学生实践操作和分析问题的能力,达到了预期的教学效果。未来几年,各种更加实用和巧妙的教学方法和举措还会不断涌现,将推动自动控制原理课程教学改革不断向前发展。

　　本书借鉴了部分教学研究成果,并行介绍了 MATLAB 仿真实验原理与课堂理论知识原理,提高了本书的可读性。同时,作者录制了在线慕课,在每个实验课程视频结束后,均提供了对应的考核题目,并共享了仿真实验代码。本书还设置了辅助学习的附录部分,为读者提供了丰富的参考内容。

自动控制原理
课程实验介绍

实验基础知识

一、MATLAB 简介

自 20 世纪 80 年代以来,计算机技术不断发展,出现了科学计算语言,亦称为数学软件,较为流行的有 MATLAB、Mathematic、MathCAD、Maple 等。依托这些功能强大、效率高、简单易学的软件,数学学科得到了飞速发展,并且不断影响着其他学科向着计算机化、数字化的方向发展,计算机和数学也逐渐变成了其他学科的研究工具,例如物理学出现了计算物理学、统计物理学等分支。目前,几种流行的科学计算软件各有特点,并且在持续不断地发展与成长,其中影响最大、应用最广的是 MATLAB。

二、MATLAB 的发展历程

MATLAB 是由 MathWorks 公司开发和研制的。MathWorks 公司创立于 1984 年,总部位于美国马萨诸塞州纳蒂克,在全球 15 个国家和地区有两千余名员工,是全球领先的数学计算软件供应商,主要产品有 MATLAB 产品家族、Simulink 产品家族。

MATLAB 是矩阵实验室(matrix laboratory)的缩写,是一种用于算法开发、数据可视化、数据分析及数值计算的高级技术计算机语言和交互式环境。矩阵计算是 MATLAB 的灵魂,其创始人的设计哲学是"万物皆矩阵"。矩阵在 MATLAB 中无处不在。

MATLAB 的应用范围非常广,主要包括信号和图像处理、通信、控制系统设计、测试和测量、财务建模和分析以及计算生物学等。加上可以使用的工具箱,MATLAB 能解决绝大部分工程与科学研究问题。正是基于这一点,MATLAB 软件十分庞大。

MATLAB 的起源可以追溯到 1980 年前后,时任美国新墨西哥大学计算机科学系主任的克里夫·莫勒尔(Cleve Moler)教授在教授线性代数课时想使用计算机来解决问题,但当时流行的线性代数软件包 Linpack、基于特征值计算的软件包 Eispack 及其他高级语言编程软件使用十分不方便，于是他自己编写了一个程序，这便是 MATLAB 最早的雏形。

早期的 MATLAB 是用 FORTRAN 语言编写的，虽然简单，但是可以免费使用，因此吸引了大批的使用者。后来，经过几年的发展，在约翰·利特尔（John Little）的推动下，John Little、Cleve Moler 和斯蒂夫·班格尔（Steve Banger）合作成立了 MathWorks 公司，MATLAB 核心代码改用 C 语言编写，功能也越来越强大。现在，MATLAB 已经不仅仅是一个矩阵实验室，它已成为线性代数、自动控制理论、数值分析领域的新型高级语言。

三、MATLAB 的主要功能

可靠的数值计算和符号计算功能、强大的绘图功能、简单易学的语言体系以及众多的应用工具箱是 MATLAB 的主要特点。

（一）数值计算和符号计算功能

MATLAB 以矩阵为数据操作的基本单位，使得与矩阵相关的运算变得十分方便和高效。MATLAB 提供的数值计算算法都是国际上公认的先进、可靠的算法。

（二）绘图功能

MATLAB 可绘制出各种图形，利用 MATLAB 绘图十分方便。MATLAB 提供了两个层次的绘图操作，分别为底层绘图操作和高层绘图操作。底层绘图操作可以对图形进行各种操作，十分自由；高层绘图操作相对简单，掌握一些基本操作就行。

（三）语言体系

MATLAB 语言具有一般高级语言的特征，如结构控制、函数调用、数据结构、输入/输出等，因此利用 MATLAB 语言进行程序设计比较简单、容易上手。MATLAB 语言是解释性语言，执行速度较慢，而且不能脱离 MATLAB 环境而独立运行。MathWorks 公司提供了独立于 MATLAB 集成环境运行的.exe 文件以及将 MATLAB 程序转换为 C 语言程序的编译器。

（四）MATLAB 工具箱

MATLAB 包含各种可选工具箱。这些工具箱可分为功能性工具箱和学科性工具箱两大类，其中功能性工具箱主要用来扩充符号计算、可视化建模仿真及文字提取等。

四、MATLAB 启动

成功安装 MATLAB R2020a 后,在安装目录的 bin 文件夹内找到 MATLAB 的启动程序,双击启动 MATLAB;或者在桌面找到 MATLAB.exe 图标,双击图标启动 MATLAB。

仿真实验基础知识

实验一　控制系统数学模型

一、实验目的

(1)了解 MATLAB 的基本特点和功能。

(2)掌握用 MATLAB 创建各种控制系统模型的方法。

(3)掌握多环节串联、并联、反馈连接时整体传递函数的求取方法。

控制系统数学模型(上)

二、实验原理

控制系统数学模型(下)

(一)数学建模基础知识

1.数学模型的概念

数学模型是描述系统内部各物理量(或变量)之间关系的数学表达式。

2.数学建模方法

数学建模方法主要有分析法和实验法两大类。

(1)分析法:对系统各部分的运动机理进行分析,根据它们所依据的物理或化学规律分别列出各部分相应的运动方程,将这些运动方程根据逻辑关系组合在一起,构成描述整个系统的方程。

(2)实验法:人为地给系统施加某种测试信号,记录其输出响应,并用适当的数学模型去逼近。这种方法又被称为"系统辨识法",主要用于系统运动机理复杂,且不便分析或不可能分析的情况。

3.数学模型的建模原则

这里主要讨论分析法建模的原则。

(1)建模之前,要全面了解系统的自然特征和运动机理,明确研究的目的和准确性要求,选择合适的分析方法。

(2)按照所选分析法,确定相应数学模型的形式。

(3)根据允许的误差范围,进行准确性考虑,然后建立简化的、合理的数学模型。

4.传递函数

在线性(或线性化)定常系统中,初始条件为零时,系统输出量的拉普拉斯变换与输入量的拉普拉斯变换之比,称为系统的"传递函数"。式(1-1)即为传递函数的一般形式。

$$G(s)=\frac{C(s)}{R(s)}=\frac{b_0 s^m+b_1 s^{m-1}+\cdots+b_{m-1}s+b_m}{a_0 s^n+a_1 s^{n-1}+\cdots+a_{n-1}s+a_n} \tag{1-1}$$

式中,$C(s)$为输出量的拉普拉斯变换;$R(s)$为输入量的拉普拉斯变换;$a_0,a_1,\cdots,a_n$及$b_0,b_1,\cdots,b_n$为函数系数。

5.结构图

由具有一定函数关系的环节组成的,标明信号流向的系统方框图,称为系统的"结构图"。图 1-1 为反馈结构图。

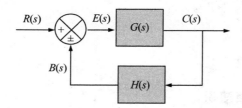

图 1-1　反馈结构图

图 1-1 中,$G(s)$为前向通道传递函数,$H(s)$为反馈通道传递函数,$H(s)=1$表明该系统为单位反馈系统。$G(s)$和 $H(s)$为开环传递函数,$E(s)$为误差传递函数,$B(s)$为反馈函数。

(二)MATLAB 建立传递函数模型

1.多项式模型

线性系统的传递函数模型可一般地表示为:

$$G(s)=\frac{b_1 s^m+b_2 s^{m-1}+\cdots+b_m s+b_{m+1}}{s^n+a_1 s^{n-1}+\cdots+a_{n-1}s+a_n},\quad n\geqslant m \tag{1-2}$$

将系统的分子和分母多项式的系数按 s 降幂的方式以向量的形式输入给两个向量

num 和 *den*，就可以轻易地将传递函数模型输入，MATLAB 中命令格式如下：

num＝[b₁，b₂，…，bₘ，bₘ₊₁]；
den＝[1，a₁，a₂，…，aₙ₋₁，aₙ]；

MATLAB 的控制系统工具箱中定义了 tf( )函数，它可由传递函数分子、分母多项式给出的变量构造出单个的传递函数对象，从而使得系统模型的输入和处理更加方便。传递函数的调用格式如下：

G＝tf(num，den)；

例 1-1　简单传递函数模型如下：

$$G(s)=\frac{s+5}{s^4+2s^3+3s^2+4s+5}.$$

该传递函数模型可由以下命令得到：

num＝[1，5]；
den＝[1，2，3，4，5]；
G＝tf(num，den)

运行结果如下：

Transfer function：

　　　　　s＋5
　　---------------------------------
　　s^4＋2s^3＋3s^2＋4s＋5

命令中的对象 *G* 可以用来描述给定的传递函数模型，也可作为其他函数调用的变量。

例 1-2　复杂的传递函数模型如下：

$$G(s)=\frac{6(s+5)}{(s^2+3s+1)^2(s+6)}$$

该传递函数模型可由以下命令得到：

num＝6 * [1，5]；
den＝conv(conv([1，3，1]，[1，3，1])，[1，6])；
G＝tf(num，den)

运行结果如下：

Transfer function：

　　　　　　6s＋30
　---
　s^5＋12s^4＋47s^3＋72s^2＋37s＋6

conv( )函数(标准的 MATLAB 函数)常用来计算两个向量的卷积,多项式乘法也可以用这个函数来计算。该函数允许任意地多层嵌套,从而表示复杂的计算。

2.零极点模型

线性系统的传递函数还可以写成极点的形式,具体如下:

$$G(s) = K \frac{(s+z_1)(s+z_2)\cdots(s+z_m)}{(s+p_1)(s+p_2)\cdots(s+p_n)} \tag{1-3}$$

将系统增益(K)输入给 $KGain$,将零点($z_1, z_2, \cdots, z_m$)和极点($p_1, p_2, \cdots, p_n$)以向量的形式输入给向量 $\mathbf{Z}$ 和 $\mathbf{P}$,就可以将系统的零极点模型输入 MATLAB 工作空间中,命令格式如下:

```
KGain=K；
Z=[-z₁; -z₂; ⋯; -zₘ]；
P=[-p₁; -p₂; ⋯; -pₙ]；
```

MATLAB 的控制系统工具箱中定义了 zpk( )函数,可通过 $\mathbf{Z}, \mathbf{P}, \mathbf{K}$ 三个变量构造出零极点对象,用于简单地表述零极点模型。该函数的调用格式为:

```
G=zpk(Z, P, K)
```

例 1-3 某系统的零极点模型如下:

$$G(s) = \frac{6(s+1.9294)(s+0.0353\pm0.9287j)}{(s+0.9567\pm1.2272j)(s-0.0433\pm0.6412j)}$$

该零极点模型可由以下命令得到:

```
K=6；
Z=[-1.9294; -0.0353+0.9287j; -0.0353-0.9287j]；
P=[-0.9567+1.2272j; -0.9567-1.2272j; 0.0433+0.6412j; 0.0433-0.6412j]；
G=zpk(Z, P, K)
```

运行结果如下:

```
Zero/pole/gain：
        6(s+1.9294)(s^2+0.0706s+0.8637)
     ------------------------------------------
     (s^2-0.0866s+0.413)(s^2+1.913s+2.421)
```

注意:对于单变量系统,其零极点均是用列向量来表示的,故向量 $\mathbf{Z}$ 和 $\mathbf{P}$ 中各项均用分号(;)隔开。

3.反馈系统结构图模型

设反馈系统结构图如图 1-2 所示。MATLAB 的控制系统工具箱提供了

feedback( )函数,用来求取反馈连接下总的系统模型。feedback( )函数的调用格式如下:

G＝feedback(G1，G2，sign);

其中,变量 *sign* 用来表示正反馈或负反馈结构。若 *sign* 为 1,表示该模型为正反馈系统的模型;若 *sign* 为－1,则表示该模型为负反馈系统的模型;若省略 *sign* 变量,仍表示该模型为负反馈结构的模型。函数中变量 *G*1 和 *G*2 分别表示前向模型和反馈模型的线性时不变(LTI)对象。

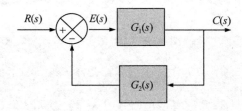

图 1-2 反馈系统结构图

例 1-4 若图 1-2 中的两个传递函数分别为:

$$G_1(s) = \frac{1}{(s+1)^2}, \quad G_2(s) = \frac{1}{s+1}$$

则反馈系统的传递函数模型可由以下命令得出:

G1＝tf(1，[1，2，1]);
G2＝tf(1，[1，1]);
G＝feedback(G1，G2)

运行结果如下:

```
Transfer function:
           s＋1
    -------------------------
    s^3＋3s^2＋3s＋1
```

若系统采用正反馈结构,则输入以下命令得到传递函数模型:

G＝feedback(G1，G2，1)

运行结果如下:

```
Transfer function:
           s＋1
    -------------------------
    s^3＋3s^2＋3s
```

例 1-5 若反馈系统为更复杂的结构(见图 1-3),其中

$$G_1(s) = \frac{s^3 + 7s^2 + 24s + 24}{s^4 + 10s^3 + 35s^2 + 50s + 24}, \quad G_2(s) = \frac{10s + 5}{s}, \quad H(s) = \frac{1}{0.01s + 1}$$

系统的传递函数模型可以由以下命令得出:

```
G1=tf([1, 7, 24, 24], [1, 10, 35, 50, 24]);
G2=tf([10, 5], [1, 0]);
H=tf([1], [0.01, 1]);
G_a=feedback(G1*G2, H)
```

运行结果如下:

```
Transfer function:
        0.1s^5+10.75s^4+77.75s^3+278.6s^2+361.2s+120
    ----------------------------------------------------------------
    0.01s^6+1.1s^5+20.35s^4+110.5s^3+325.2s^2+384s+120
```

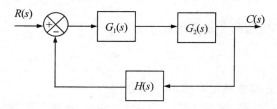

图 1-3 复杂反馈系统

4.多项式模型与零极点模型的转换

有了传递函数的有理分式模型之后,求取零极点模型就不是一件困难的事情了。在 MATLAB 的控制系统工具箱中,可以由 zpk( )函数将给定的线性时不变对象 G 转换成等效的零极点对象 $G1$。该函数的调用格式如下:

```
G1=zpk(G)
```

例 1-6 给定系统传递函数为:

$$G(s) = \frac{6.8s^2 + 61.2s + 95.2}{s^4 + 7.5s^3 + 22s^2 + 19.5s}$$

对应的零极点格式可由下面的命令得出:

```
num=[6.8, 61.2, 95.2];
den=[1, 7.5, 22, 19.5, 0];
G=tf(num, den);
G1=zpk(G)
```

运行结果如下：

```
Zero/pole/gain：
        6.8(s+7)(s+2)
    ─────────────────────
    s(s+1.5)(s^2+6s+13)
```

可见,若在系统的零极点模型中出现复数值,则 MATLAB 在显示时将以二阶因子的形式表示相应的共轭复数对。

同样,对于给定的零极点模型,也可以直接由函数 tf( )得出等效传递函数模型。tf( )函数调用格式如下：

```
G1=tf(G)
```

例 1-7　给定零极点模型：

$$G(s)=\frac{6.8(s+2)(s+7)}{s(s+3\pm2j)(s+1.5)}$$

由以下 MATLAB 命令可得出其等效传递函数模型。注意:输入程序的过程中要区分大小写。

```
Z=[-2, -7];
P=[0, -3-2j, -3+2j, -1.5];
K=6.8;
G=zpk(Z, P, K);
G1=tf(G)
```

运行结果如下：

```
Transfer function：
        6.8s^2+61.2s+95.2
    ──────────────────────────
    s^4+7.5s^3+22s^2+19.5s
```

5.模型的连接

(1)并联。MATLAB 给出了并联函数 parallel( ),其调用格式如下：

[num，den]＝parallel(num1，den1，num2，den2，out1，out2);

parallel( )函数的作用是将并联的传递函数进行相加，out1 和 out2 分别指定要作相加的输出端编号。

（2）串联。MATLAB 给出了串联函数 series( )，其调用格式如下：

[num，den]＝series(num1，den1，num2，den2);

series( )函数的作用是将串联的传递函数进行相乘。

（3）闭环。MATLAB 给出了构建闭环系统的函数 cloop( )，其调用格式如下：

[numc，denc]＝cloop(num，den，sign);

cloop( )函数的作用是由开环系统的传递函数构成闭环系统。当 $sign＝1$ 时，采用正反馈；当 $sign＝-1$ 时，采用负反馈；当 $sign$ 缺省时，默认为负反馈。

三、实验内容

（1）系统的传递函数为 $G(s)=\dfrac{15(s+3)}{(s+1)(s+5)(s+15)}$，请写出零极点模型，并转换为多项式传递函数模型。

（2）系统结构图如图 1-4 所示，求其多项式传递函数模型。

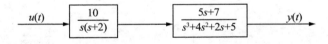

图 1-4　系统结构图（一）

（3）系统结构图如图 1-5 所示，求其多项式传递函数模型。

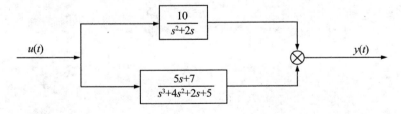

图 1-5　系统结构图（二）

(4)系统结构图如图 1-6 所示,求其多项式传递函数模型。

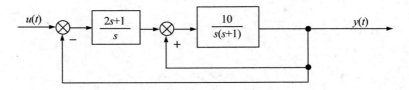

图 1-6　系统结构图(三)

(5)用 MATLAB 生成下列传递函数的多项式传递函数模型、零极点模型。

$$G(s) = \frac{s^4 + 3s^3 + 2s^2 + s + 1}{s^5 + 4s^4 + 3s^3 + 2s^2 + 3s + 2}$$

四、实验报告要求

(1)写明实验目的和实验原理。实验原理中简要说明求传递函数的途径和采用的语句或函数。

(2)写清楚自定的传递函数,复制程序代码和运行结果,打印并粘贴在报告中。不方便打印的同学,要求手动从屏幕上抄写和绘制到实验报告中。

(3)简要写出实验心得和发现的问题,并给出建议。

实验二　典型环节的模拟方法及动态特性

一、实验目的

典型环节的模拟
方法及动态特性

通过 MATLAB 控制系统工具箱和 Simulink 仿真工具箱研究典型环节数学模型的搭建方法及动态特性。

二、实验原理

(一)典型环节

典型环节包括比例、惯性、积分、微分、振荡以及延迟环节(补充:单纯的微分环节是不存在的,一般是微分加惯性环节)。

1. 比例环节

比例环节的运动方程式为

$$c(t) = K \cdot r(t)$$

式中,K 为比例系数;$r(t)$ 为输入函数;$c(t)$ 为输出函数。

传递函数为

$$G(s) = K$$

单位阶跃响应为

$$C(s) = G(s)R(s) = K/s$$
$$c(t) = K \cdot 1(t)$$

式中,$R(s)$ 和 $C(s)$ 分别为 $r(t)$ 和 $c(t)$ 的拉普拉斯变换;$1(t)$ 为大小为 1 的函数。

可见,当输入函数 $r(t) = 1$ 时,输出函数 $c(t)$ 成比例变化。比例环节的输入输出曲线如图 2-1 所示。

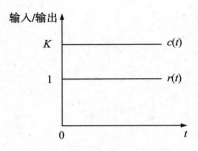

图 2-1　比例环节的输入输出曲线图

2.惯性环节

惯性环节的微分方程式为

$$T\frac{\mathrm{d}c(t)}{\mathrm{d}t}+c(t)=r(t)$$

传递函数为

$$G(s)=\frac{1}{Ts+1}$$

式中，T 为惯性环节时间常数。

惯性环节的传递函数有一个负实极点 $p=-1/T$，无零点。

单位阶跃响应为

$$C(s)=\frac{1}{Ts+1}R(s)=\frac{1}{Ts+1}\cdot\frac{1}{s}=\frac{1}{s}-\frac{1}{s+1/T}$$

$$c(t)=1-2.71828^{-\frac{t}{T}}\quad(t\geqslant0)$$

惯性环节的单位阶跃响应曲线如图 2-2 所示。

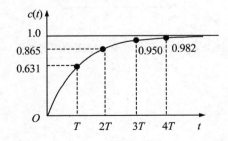

图 2-2　惯性环节的单位阶跃响应曲线图

3.积分环节

积分环节的微分方程式为

$$c(t) = \frac{1}{T}\int_0^\tau r(t)\mathrm{d}t$$

传递函数为

$$G(s) = \frac{1}{Ts}$$

单位阶跃响应为

$$C(s) = \frac{1}{Ts} \cdot \frac{1}{s}$$

$$c(t) = \frac{1}{T} \cdot t$$

积分环节的单位阶跃响应曲线如图 2-3 所示。当输入阶跃函数时,积分环节的输出随时间直线增长,增长速度由 $1/T$ 决定。当输入突然除去时,积分停止,输出维持不变。故积分环节有记忆功能。

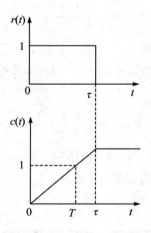

图 2-3 积分环节的单位阶跃响应曲线图

4.微分环节

微分环节的微分方程式为

$$c(t) = T\frac{\mathrm{d}r(t)}{\mathrm{d}t}$$

传递函数为

$$G(s) = Ts$$

单位阶跃响应为

$$C(s) = Ts \cdot \frac{1}{s} = T$$

$$c(t) = T\delta(t)$$

由于阶跃信号在时刻 $t=0$ 处有一个跃变，其他时刻均不变化，所以微分环节对阶跃输入只在 $t=0$ 时刻产生响应脉冲，如图 2-4 所示。

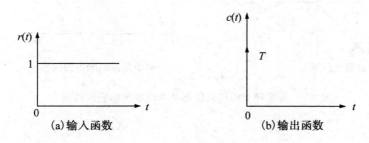

图 2-4　微分环节的单位阶跃响应曲线图

理想的微分环节在物理系统中很少独立存在，常见系统都带有惯性环节，其传递函数为

$$G(s) = \frac{T_1 s}{T_2 s + 1}$$

5.振荡环节

振荡环节的微分方程式为

$$T^2 \frac{d^2 c(t)}{dt^2} + 2\zeta T \frac{dc(t)}{dt} + c(t) = r(t)$$

传递函数为

$$G(s) = \frac{1}{T^2 s^2 + 2\zeta T s + 1} \text{ 或 } G(s) = \frac{\omega_n^2}{s^2 + 2\zeta \omega_n s + \omega_n^2}$$

式中，$T(T>0)$ 为振荡环节的时间常数；$\zeta(0<\zeta<1)$ 为阻尼比；$\omega_n(\omega_n = 1/T)$ 为无阻尼振荡频率。

振荡环节有一对位于 s 左半平面的共轭极点：

$$s_{1,2} = -\zeta\omega_n \pm j\omega_n \sqrt{1-\zeta^2} = -\zeta\omega_n \pm j\omega_d$$

式中，$\omega_d = \omega_n \sqrt{1-\zeta^2}$。

单位阶跃响应为

$$c(t) = 1 - \frac{1}{\sqrt{1-\zeta^2}} e^{-\zeta\omega_n t} \sin(\omega_d t + \beta)$$

式中，$\beta = arc\cos^{-1}\zeta$。

响应曲线是按指数衰减振荡的，故称振荡环节，如图 2-5 所示。

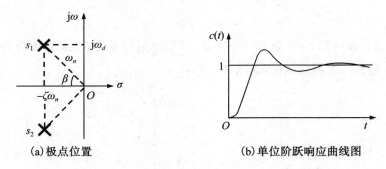

(a)极点位置   (b)单位阶跃响应曲线图

图 2-5　振荡环节的极点位置及单位阶跃响应曲线图

6.延迟环节

延迟环节的微分方程式为

$$c(t) = r(t - \tau)$$

传递函数为

$$G(s) = e^{-\tau s}$$

单位阶跃响应为

$$C(s) = e^{-\tau s} \cdot \frac{1}{s}$$

$$c(t) = 1(t - \tau)$$

延迟环节的单位阶跃响应如图 2-6 所示。

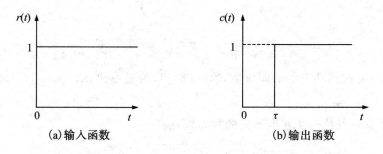

(a)输入函数   (b)输出函数

图 2-6　延迟环节的单位阶跃响应曲线图

(二)Simulink 建模方法

下面简单介绍 Simulink 建立系统模型的基本步骤(Simulink 相关的详细内容见附录三)。

1.Simulink 的启动

在 MATLAB 命令窗口的工具栏中单击快捷按钮,或者在命令提示符"≫"下键入 Simulink 命令,回车后即可启动 Simulink。启动后软件自动打开 Simullink 模块库窗口,如图 2-7 所示。

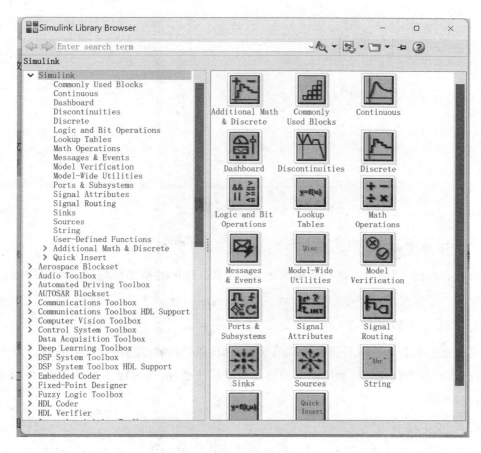

图 2-7　Simulink 模块库

Simulink 模块库中含有许多子模块库,如信号源模块库(Sources)、接收器模块库(Sinks)、非线性环节(Nonlinear)等。若想建立一个控制系统结构框图,则可以单击 File→New,选择下拉菜单中的 Model 选项,或单击工具栏上的 New Model 按钮,打开一个空白的模型编辑窗口(见图 2-8)。

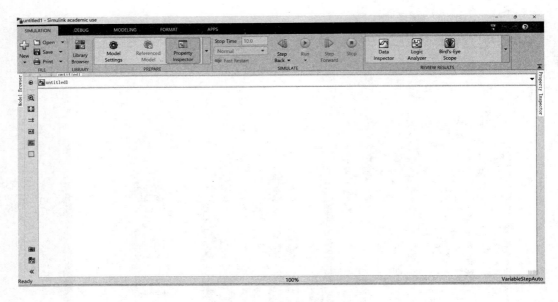

图 2-8　模型编辑窗口

2.选择所需模块

打开相应的子模块库,选择所需要的模块,单击选中的模块后拖到模型编辑窗口的合适位置。

3.修改各个模块参数

由于选中的各个模块只包含默认的模块参数,如默认的传递函数模型的格式为 $1/(s+1)$,必须修改参数才能得到实际的模型。双击模块图标,会出现一个对话框,提示用户修改模块参数。

4.画出连接线

当所有模块都设置完之后,可以画出模块间所需要的连线,构成完整的系统。模块间连线的画法很简单,先在起始模块的输出端(三角符号)处单击并长按鼠标,再拖动鼠标,到终止模块的输入端处释放鼠标,系统会自动地在两个模块间画出带箭头的连线。若需要从连线中引出节点,可在起始节点处按住鼠标左键+Ctrl 键,拖动鼠标到结束点并释放鼠标左键+Ctrl 键。

5.指定输入和输出端子

在 Simulink 下,允许有两类输入、输出信号。第一类是仿真信号,可从信号源模块图标中取出相应的输入端子,从接收器模块库图标中取出相应的输出端子。第二类需要提取系统线性模型,打开连接(Connection)模块库图标,从中选取相应的输入、输出端子。

例 2-1　典型二阶振荡环节或二阶系统的结构图如图 2-9 所示。用 Simulink 对系统进行仿真分析。

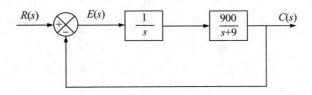

图 2-9　典型二阶系统结构图

第一步,启动 Simulink 并打开一个空白的模型编辑窗口。

第二步,选出所需模块,并给出正确的参数。

在信号源模块库中选中阶跃输入(Step)图标,将其拖入模型编辑窗口,然后双击该图标,打开参数设置对话框,将阶跃时刻(Step time)设为 0。

在数学(Math)模块库中选中加法器(Sum)图标,将其拖入模型编辑窗口,然后双击该图标,打开参数设置对话框,将符号列表(List of signs)设为|＋－(表示输入为正,反馈为负)。

在连续(Continuous)模块库选中积分器(Integrator)图标和传递函数(Transfer Fcn)图标,将其拖入模型编辑窗口,然后双击图标,打开参数设置对话框,将传递函数分子(Numerator)改为 900,分母(Denominator)分别改为 1 和 9。

在输出(Sinks)模块库中选中示波器(Scope)和输出端口模块(Out1)图标,将其拖入模型编辑窗口中。

第三步,将所有模块按图 2-10 所示连线方式连接起来,构成一个系统框图。

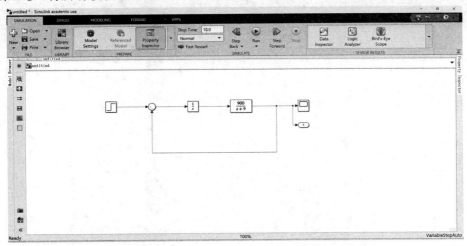

图 2-10　二阶系统的 Simulink 实现

第四步，选择仿真算法，设置仿真控制参数，启动仿真过程。

在模型编辑窗口中单击 Simulation→Simulation parameters，会出现一个参数对话框，在 Solver 模板中设置响应的仿真范围[包括开始时间（StartTime）和终止时间（StopTime）]、仿真步长范围[包括最大步长（Maxinum step size）和最小步长（Mininum step size）]。对于本实验，StopTime 可设置为 2。最后单击 Simulation→Start 启动仿真，或者单击相应的热键启动仿真。双击示波器，在弹出的图形上会实时地显示出仿真结果。本实验的仿真结果如图 2-11 所示。

在命令窗口中键入 whos 命令，会发现工作空间中增加了一个变量 out，这是因为 Simulink 中的 Out1 模块自动将结果写到了 MATLAB 的工作空间中。利用 MATLAB 命令 plot(out)，可将结果绘制出来，如图 2-12 所示。比较图 2-11 和图 2-12，可以发现这两种仿真结果是完全一致的。

图 2-11　仿真结果显示

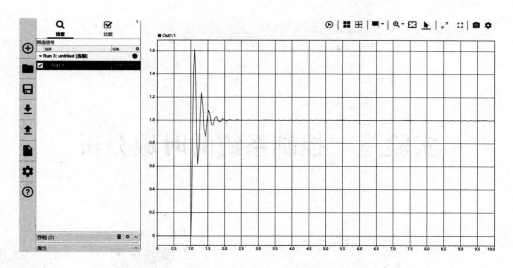

图 2-12　MATLAB命令得出的仿真结果

三、实验内容

（1）分别构造 6 种典型环节的传递函数，求其单位阶跃响应，对比有何不同。

（2）利用 Simulink 搭建图 2-13 所示电路系统的数学模型，观察其单位阶跃响应。其中 $R=1.4$ Ω，$L=2$ H，$C=0.32$ F，$t=0$ 时接入 1 V 的电压，求 $v_0(t)$ 的值与 t 的关系曲线。

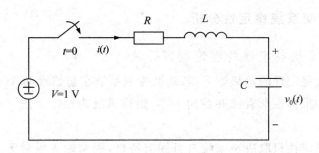

图 2-13　电路系统

四、实验报告要求

（1）针对实验内容（1）记录 6 种典型环节传递函数的单位阶跃响应，分析对比各环节的特性，要求每个环节的响应曲线图要画在同一界面内，便于比较。

（2）针对实验内容（2）记录所搭建的 Simulink 仿真模型及响应曲线，说明其所代表的系统类型的阶跃响应特性。

实验三 控制系统的时域分析

一、实验目的

学习利用 MATLAB 进行控制系统时域分析,包括典型响应分析、系统稳定性分析和系统动态特性分析。

二、实验原理

控制系统的时域分析(上)

控制系统的时域分析(中)

控制系统的时域分析(下)

(一)线性控制系统稳定性分析

1.线性控制系统稳定性的理论判定方法

线性控制系统稳定性的定义如下:若线性控制系统在初始扰动 $\delta(t)$ 的影响下,其过渡过程随着时间的推移逐渐衰减并趋向于零,则称系统为稳定系统。反之,则为不稳定系统。

线性系统的稳定性只取决于系统自身固有特性,而与输入信号无关。根据定义,输入为 $\delta(t)$,其输出为脉冲过渡函数 $g(t)$。如果 $t \to \infty$,$g(t)$ 收敛到原来的平衡点,则有

$$\lim_{t \to \infty} g(t) = 0 \tag{3-1}$$

那么,线性系统是稳定的。

证明:设 n 阶系统的闭环传递函数为

$$\Phi(s) = \frac{M(s)}{D(s)} = \frac{b_m s^m + b_{m-1} s^{m-1} + \cdots + b_1 s + b_0}{a_n s^n + a_{n-1} s^{n-1} + \cdots + a_1 s + a_0} \tag{3-2}$$

$$\Phi(s) = \frac{C(s)}{R(s)} = \frac{b_m}{a_n} \times \frac{\prod_{j=1}^{m}(s + z_j)}{\prod_{i=1}^{q}(s + p_i) \prod_{k=1}^{r}(s^2 + 2\zeta_k \omega_k s + \omega_k^2)} \tag{3-3}$$

式中,$M(s)$和$D(s)$分别为输出量的拉普拉斯变换和输入量的拉普拉斯变换;$b_j(0{\leqslant}j{\leqslant}m)$为$M(s)$的$j$阶系数;$a_i(0{\leqslant}i{\leqslant}n)$为$D(s)$的$i$阶系数;$z_j(0{\leqslant}j{\leqslant}m)$为系统的$m$个零点;$p_i(0{\leqslant}i{\leqslant}q)$为系统的$q$个实极点;$\zeta_k(0{<}\zeta_k{<}1)$为阻尼比;$\omega_k$为无阻尼振荡频率。

取拉普拉斯反变换,并设全部初始条件为零,可得到系统单位脉冲响应的时间表达式:

$$g(t)=\sum_{i=1}^{q}A_i\mathrm{e}^{-p_it}+\sum_{k=1}^{r}B_k\mathrm{e}^{-\xi_k\omega_{kt}}\sin(\omega_{dk}t+\beta_k)\quad(t{\geqslant}0)\tag{3-4}$$

式中,$\omega_{dk}=\omega_k\sqrt{1-\zeta_k^2}$,$\beta_k=\arccos\zeta_k$;$A_i$和$B_k$是与$C(s)$在对应闭环极点上的留数有关的常数。

满足$\lim\limits_{t\to\infty}g(t)=0$的条件是$-p_i{<}0$或者是$-\zeta_k\omega_k{<}0$。因此可以得出如下结论:线性系统稳定的充要条件是闭环系统特征方程的所有根都具有负实部,或者说闭环传递函数的极点均位于s左半平面(不包括虚轴)。

根据稳定的充要条件,要确定系统的稳定性,必须知道系统特征根的全部符号。如果能解出全部根,则可立即判断出系统的稳定性。

2.应用 MATLAB 判断系统稳定性的方法

系统的零极点模型可以直接被用来判断系统的稳定性。另外,MATLAB 中提供了有关多项式的操作函数,也可以用于系统的分析和计算。

(1)直接求特征多项式的根

设 p 为特征多项式的系数向量,函数 roots( )可以直接求出方程 $p=0$ 在复数范围内的解 v,该函数的调用格式如下:

```
v=roots(p)
```

例 3-1　已知系统的特征多项式为:

$$y=x^5+3x^3+2x^2+x+1$$

特征方程的解可由下面的 MATLAB 命令得出:

```
p=[1, 0, 3, 2, 1, 1];
v=roots(p)
```

运行结果如下:

```
v=
    0.3202+1.7042i
    0.3202-1.7042i
   -0.7209
    0.0402+0.6780i
    0.0402-0.6780i
```

利用多项式求根函数 roots( )，可以很方便地求出系统的零点和极点，然后根据零极点分析系统的稳定性及其他性能。

（2）由根创建多项式

如果已知多项式的因式分解式或特征根，函数 poly( )可以直接求出特征多项式的系数向量，该函数的调用格式如下：

```
p＝poly(v)
```

对于例 3-1，可以输入以下 MATLAB 命令得出特征多项式的系数向量。

```
v＝[0.3202＋1.7042i；0.3202－1.7042i；
    －0.7209；0.0402＋0.6780i；0.0402－0.6780i]；
p＝poly(v)
```

运行结果如下：

```
p＝
    1.0000   －0.0000    3.0000    2.0000    1.0000    1.0000
```

由此可见，函数 roots( )与函数 poly( )互为逆运算。

（3）多项式求值

在 MATLAB 中通过函数 polyval( )可以求得多项式在给定点的值，该函数的调用格式如下：

```
polyval(p, v)
```

对于（2）中所求系数向量，求取多项式在 x 点所对应的值，可输入如下命令：

```
p＝[1, 0, 3, 2, 1, 1]；
x＝1
polyval(p, x)
```

运行结果如下：

```
ans＝
    8
```

（4）部分分式展开

考虑下列传递函数：

$$\frac{M(s)}{N(s)}=\frac{num}{den}=\frac{b_0 s^n+b_1 s^{n-1}+\cdots+b_n}{a_0 s^n+a_1 s^{n-1}+\cdots+a_n} \tag{3-5}$$

式中，$a_0,a_1,\cdots,a_n,b_0,b_1,\cdots,b_n$ 为系数，$a_0\neq0$，但其余系数中某些量可能为零。

函数 residue( )可将 $M(s)/N(s)$ 展开成部分分式,直接求出展开式中的留数、极点和余项。该函数的调用格式如下:

[r, p ,k]=residue(num, den)

则 $M(s)/N(s)$ 的部分分式展开由下式给出:

$$\frac{M(s)}{N(s)} = \frac{r(1)}{s-p(1)} + \frac{r(2)}{s-p(2)} + \cdots + \frac{r(n)}{s-p(n)} + k(s) \tag{3-6}$$

式中,$p(1)=-p_1,p(2)=-p_2,\cdots,p(n)=-p_n$ 为极点;$r(1)=-r_1,r(2)=-r_2,\cdots,r(n)=-r_n$ 为各极点的留数;$k(s)$ 为余项。

例 3-2 设传递函数为

$$G(s) = \frac{2s^3 + 5s^2 + 3s + 6}{s^3 + 6s^2 + 11s + 6}$$

该传递函数的部分分式展开式可由以下命令获得:

```
num=[2, 5, 3, 6];
den=[1, 6, 11, 6];
[r, p, k]=residue(num, den)
```

运行结果如下:

```
r=                    p=                    k=
  -6.0000               -3.0000               2
  -4.0000               -2.0000
   3.0000               -1.0000
```

由运行结果可得出部分分式展开式:

$$G(s) = \frac{-6}{s+3} + \frac{-4}{s+2} + \frac{3}{s+1} + 2$$

该函数也可以逆向调用,把部分分式展开转变回多项式 $M(s)/N(s)$ 之比的形式,命令格式如下:

[num, den]=residue(r, p, k)

对于例 3-2,输入以下命令:

[num, den]=residue(r, p, k)

运行结果如下：

```
num=
     2.0000    5.0000    3.0000    6.0000
den=
     1.0000    6.0000    11.0000    6.0000
```

应当指出，如果 $p(j)=p(j+1)=\cdots=p(j+m-1)$，则极点 $p(j)$ 是一个 m 重极点。在这种情况下，部分分式展开式将包括下列诸项：

$$\frac{r(j)}{s-p(j)}+\frac{r(j+1)}{[s-p(j)]^2}+\cdots+\frac{r(j+m-1)}{[s-p(j)]^m}$$

例 3-3 设传递函数为

$$G(s)=\frac{s^2+2s+3}{(s+1)^3}=\frac{s^2+2s+3}{s^3+3s^2+3s+1}$$

则部分分式展开由以下命令获得：

```
v=[-1, -1, -1];
num=[0, 1, 2, 3];
den=poly(v);
[r, p, k]=residue(num, den)
```

运行结果如下：

```
r=
     1.0000
     0.0000
     2.0000
p=
     -1.0000
     -1.0000
     -1.0000
k=
     []
```

其中，poly（ ）函数将传递函数的分母化为标准降幂排列多项式系数向量 *den*，*k*=[]表示空矩阵。

由此可得 $G(s)$ 的展开式为

$$G(s)=\frac{1}{s+1}+\frac{0}{(s+1)^2}+\frac{2}{(s+1)^3}+0$$

(5)由传递函数求零点和极点

MATLAB 的控制系统工具箱中给出了由传递函数对象 G 求系统零点和极点的函数,其调用格式分别为:

```
Z=tzero(G)
P=G.P{1}
```

注意:命令 P＝G.P{1}中要求的 G 必须是零极点模型对象,且出现了矩阵的点运算"."和大括号{}表示的矩阵元素。

例 3-4 已知传递函数为

$$G(s)=\frac{6.8s^2+61.2s+95.2}{s^4+7.5s^3+22s^2+19.5s}$$

输入如下命令:

```
num=[6.8, 61.2, 95.2];
den=[1, 7.5, 22, 19.5, 0];
G=tf(num, den);
G1=zpk(G);
Z=tzero(G)
P=G1.P{1}
```

运行结果如下:

```
Z=
    -7
    -2
P=
    0
    -3.0000+2.0000i
    -3.0000-2.0000i
    -1.5000
```

(6)零极点分布图

在 MATLAB 中,可利用 pzmap( )函数绘制连续系统的零极点分布图,从而分析系统的稳定性,其调用格式如下:

```
pzmap(num, den)
```

例 3-5 给定传递函数

$$G(s)=\frac{3s^4+2s^3+5s^2+4s+6}{s^5+3s^4+4s^3+2s^2+7s+2}$$

利用下列命令可自动打开一个图形窗口,显示该系统的零极点分布图,运行结果如图 3-1 所示。

```
num=[3, 2, 5, 4, 6];
den=[1, 3, 4, 2, 7, 2];
pzmap(num, den)
title('Pole-Zero Map')    % 图形标题。
```

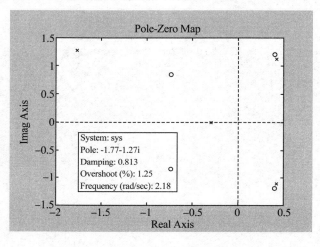

图 3-1　零极点分布图

(二)系统动态特性分析

1.控制系统动态响应及其指标

控制系统主要用延迟时间 t_d、峰值时间 t_p、最大超调量 σ_p、调节时间 t_s 四个性能指标来衡量动态响应的好坏,二阶系统单位阶跃响应曲线及其动态指标如图 3-2 所示,其中性能指标定义如下:

(1)延迟时间 t_d:响应曲线第一次达到稳态值的 50% 所需的时间。

(2)上升时间 t_r:响应曲线从其稳态值的 10% 达到 90% 所需的时间。对于振荡系统,则取响应从 0 到第一次上升至稳态值所需的时间。

(3)峰值时间 t_p:输出响应超过稳态值,达到第一个峰值所需的时间。

(4)最大超调量 σ_p:输出响应的最大值超过稳态值的最大偏离量与稳态值之比的百分数。

（5）调节时间 t_s：在响应曲线稳态上，取 $\pm\Delta$（$\Delta=5\%$ 或 2%）为误差带，响应曲线达到并不再超出该误差带所需的最小时间。

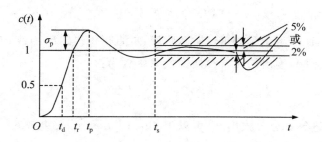

图 3-2　二阶系统单位阶跃响应曲线及其动态指标

欠阻尼二阶系统的性能指标计算公式如下：

（1）上升时间 t_r：t_r 是系统响应速度的一种度量。t_r 越小，响应越快。

$$t_r=\frac{\pi-\arccos\zeta}{\omega_n\sqrt{1-\zeta^2}} \tag{3-9}$$

式中，ζ 为阻尼比；ω_n 为无阻尼振荡频率。

（2）峰值时间 t_p：峰值时间与无阻尼振荡频率成反比。

$$t_p=\frac{\pi}{\omega_n\sqrt{1-\zeta^2}} \tag{3-10}$$

（3）最大超调量 σ_p：b_p 表示响应曲线偏离阶跃曲线的程度。

$$\sigma_p=\left(e^{-\frac{\zeta}{\sqrt{1-\zeta^2}}\pi}\right)\times100\% \tag{3-11}$$

（4）调节时间 t_s：调节时间通常由响应曲线的一对包络线近似计算得出。

$$t_s=\frac{3}{\zeta\omega_n}（\Delta=5\%）\text{ 或 } t_s=\frac{4}{\zeta\omega_n}（\Delta=2\%） \tag{3-12}$$

控制系统主要用稳态误差 e_{ss} 表示稳态性能指标。稳态误差是指当时间趋于无穷时，响应曲线的实际值与期望值之差。误差的定义有以下两种：

（1）从系统输入端定义，误差等于系统的输入信号 $R(s)$ 与主反馈信号 $B(s)$ 之差，即

$$E(s)=R(s)-B(s) \tag{3-13}$$

（2）从系统输出端定义，误差等于系统输出量的实际值与期望值之差。

对于单位反馈系统，上述两种误差的定义是一致的。

（1）定义法求稳态误差的计算公式如下：

$$e_{ss}=\lim_{t\to\infty}e(t)=\lim_{t\to\infty}[r(t)-b(t)] \tag{3-14}$$

式中，$e(t)$ 为 t 时刻的误差；$r(t)$ 为输入信号；$b(t)$ 为主反馈信号。

（2）利用终值定理法求稳态误差需要满足系统稳定和输入为非周期信号两个条件。

稳态误差计算公式如下：

$$e_{ss} = \lim_{s \to 0} sE(s) \tag{3-15}$$

2. 时域响应解析算法——部分分式展开法

用拉普拉斯变换法求系统的单位阶跃响应，可直接得出输出函数 $c(t)$ 随时间 t 变化的规律，对于高阶系统，输出的拉普拉斯变换象函数为：

$$C(s) = G(s) \cdot \frac{1}{s} = \frac{num}{den} \cdot \frac{1}{s} \tag{3-16}$$

对函数 $C(s)$ 进行部分分式展开，可以用 num，$[den, 0]$ 来表示 $C(s)$ 的分子和分母。

例 3-6 给定系统的传递函数：

$$G(s) = \frac{s^3 + 7s^2 + 24s + 24}{s^4 + 10s^3 + 35s^2 + 50s + 24}$$

用以下命令对 $G(s)/s$ 进行部分分式展开。

```
num=[1, 7, 24, 24]
den=[1, 10, 35, 50, 24]
[r, p, k]=residue(num, [den, 0])
```

运行结果如下：

r=	p=	k=
−1.0000	−4.0000	[ ]
2.0000	−3.0000	
−1.0000	−2.0000	
−1.0000	−1.0000	
1.0000	0	

则输出函数 $C(s)$ 为：

$$C(s) = \frac{-1}{s+4} + \frac{2}{s+3} - \frac{1}{s+2} - \frac{1}{s+1} + \frac{1}{s} + 0$$

进行拉普拉斯变换得：

$$c(t) = -e^{-4t} + 2e^{-3t} - e^{-2t} - e^{-t} + 1$$

3. 单位阶跃响应的求法

MATLAB 的控制系统工具箱中给出了一个函数 step( )，该函数可用于直接求取线性系统的阶跃响应，如果已知传递函数为：

$$G(s) = \frac{num}{den}$$

该函数有两种调用格式,具体如下:

```
step(num, den)
step(num, den, t)
```

或

```
step(G)
step(G, t)
```

通过函数 step( )可绘制出系统在单位阶跃输入条件下的动态响应图,同时给出稳态值。对于函数 step(num,den,t)和函数 step(G,t),t 为图像显示的时间长度,是用户指定的时间向量。函数 step(num,den)和函数 step(G)省略了 t,显示时间由系统根据输出曲线的形状自行设定。

如果需要将输出结果返回到 MATLAB 工作空间中,则采用以下调用格式:

```
C=step(G)
```

此时,屏上不会显示响应曲线,必须利用 plot( )函数去查看响应曲线。plot( )函数可以根据两个或多个给定的向量绘制二维图形。

例 3-7 已知传递函数为:

$$G(s) = \frac{25}{s^2 + 4s + 25}$$

利用以下 MATLAB 命令可得阶跃响应曲线,运行结果如图 3-3 所示。

```
num=[0, 0, 25];
den=[1, 4, 25];
step(num, den)
grid      %绘制网格线。
title('Unit-Step Response of G(s)=25/(s^2+4s+25)')    %图像标题。
```

另外,还可以用下面的命令来得出阶跃响应曲线。

```
G=tf([0, 0, 25], [1, 4, 25]);
t=0:0.1:5;              %从 0 到 5 每隔 0.1 取一个值。
c=step(G, t);          %动态响应的幅值赋给变量 c。
plot(t, c)             %绘制二维图形,横坐标取 t,纵坐标取 c。
Css=dcgain(G)          %求取稳态值。
```

同样可得出图 3-3 所示阶跃响应曲线,且命令窗口会显示稳态值,结果如下:

Css＝
1

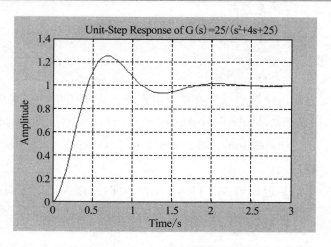

图 3-3　MATLAB 绘制的阶跃响应曲线

4.求阶跃响应的性能指标

MATLAB 提供了强大的计算功能,用户可以使用多种方法求取系统的动态响应指标。首先介绍一种最简单的方法——游动鼠标法。对于例 3-7,在程序运行完毕后,用鼠标单击时域响应图线任意一点,系统会自动跳出一个小方框,小方框中显示了这一点的横坐标(时间)和纵坐标(幅值)。按住鼠标左键在曲线上移动,可以找到曲线幅值最大的一点即曲线最大峰值,此时小方框中显示的时间就是此二阶系统的峰值时间。根据观察到的稳态值和峰值,用户可以计算出系统的超调量。系统的上升时间和稳态响应时间也可以依此计算出。

另一种比较常用的方法就是用程序求取时域响应的各项性能指标。与游动鼠标法相比,程序较复杂,但通过下面的学习,读者可以掌握一定的编程技巧,能够将控制原理知识和编程方法相结合,自己编写程序,求取一些较为复杂的性能指标。

通过前面的学习,已知可以用阶跃响应函数 step( ) 获得系统输出量。若要将输出量返回到向量 y 中,可以通过以下命令完成:

[y, t]＝step(G)

上述命令还同时返回了自动生成的时间向量 t,对返回的这一对向量 y 和 t 进行计算,可以得到时域性能指标。

（1）峰值时间可由以下命令获得：

```
[Y,k]＝max(y);
timetopeak＝t(k)
```

上述命令利用取最大值函数 max( ) 求出向量 y 的峰值及相应的时间，并存于变量 Y 和 k 中。然后在向量 t 中取出峰值时间，并将它赋给变量 $timetopeak$。

（2）最大（百分比）超调量可由以下命令得到：

```
C＝dcgain(G);
[Y,k]＝max(y);
percentovershoot＝100 * (Y－C)/C
```

函数 dcgain( ) 用于求取系统的终值，将终值赋给变量 C，然后依据超调量的定义，由 Y 和 C 计算出超调量百分比。

（3）上升时间也可以利用程序来获得。首先简单介绍一下 while 循环语句的使用。while 循环语句的一般格式如下：

while〈循环判断语句〉

　　循环体

end

其中，循环判断语句为某种形式的逻辑判断表达式。

当逻辑判断表达式的逻辑值为真时，就执行循环体内的语句；当逻辑判断表达式的逻辑值为假时，就退出当前的循环体。如果循环判断语句为矩阵时，当且仅当所有的矩阵元素非零时，逻辑表达式的值为真。为避免循环语句陷入死循环，在语句内必须有可以自动修改循环控制变量的命令。

要求出上升时间，可以用 while 循环语句编程得到，具体如下：

```
C＝dcgain(G);
n＝1;
while y(n)<C
  n＝n+1;
end
risetime＝t(n)
```

在阶跃输入条件下，向量 y 的值由零逐渐增大，当以上循环满足 $y(n)＝C$ 时，退出循环，此时对应的时间即为上升时间。

对于输出无超调的系统响应，上升时间定义为输出从稳态值的 10% 上升到 90% 所需的时间，则计算程序如下：

```
C＝dcgain(G);
n＝1;
while y(n)＜0.1 * C
   n＝n+1;
end
m＝1;
while y(n)＜0.9 * C
   m＝m+1;
end
risetime＝t(m)-t(n)
```

(4)调节时间也可由 while 循环语句编程得到,具体如下:

```
C＝dcgain(G);
I＝length(t);
while(y(i)＞0.98 * C)&(y(i)＜1.02 * C)
   i＝I-1;
end
setllingtime＝t(i)
```

用向量长度函数 length(   )可求得 t 的长度,将其设定为变量 i 的上限值。

例 3-8 已知二阶系统传递函数为:

$$G(s)＝\frac{3}{(s+1-3i)(s+1+3i)}$$

利用下面的程序可得到阶跃响应曲线及性能指标。

```
G＝zpk([], [-1+3 * i, -1-3 * i], 3);   %计算最大峰值时间和它对应的超
调量。
C＝dcgain(G)
[y, t]＝step(G);
plot(t, y)
grid
[Y, k]＝max(y);
timetopeak＝t(k)
percentovershoot＝100 * (Y-C)/C   %计算上升时间。
n＝1;
```

```
while y(n)＜C
    n＝n＋1;
end
risetime＝t(n)     %计算稳态响应时间。
i＝length(t);
while(y(i)＞0.98＊C)&(y(i)＜1.02＊C)
    i＝i−1;
end
setllingtime＝t(i)
```

命令窗口中显示的运行结果如下,阶跃响应曲线如图 3-4 所示。

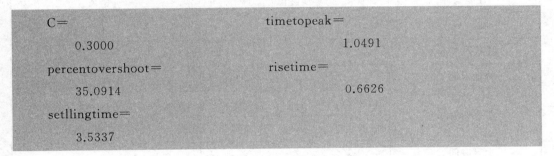

C＝	timetopeak＝
0.3000	1.0491
percentovershoot＝	risetime＝
35.0914	0.6626
setllingtime＝	
3.5337	

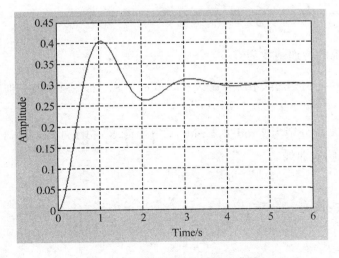

图 3-4　二阶系统的阶跃响应曲线

三、实验内容

(1)系统传递函数为 $G(s) = \dfrac{3s^4 + 2s^3 + 5s^2 + 4s + 6}{s^5 + 3s^4 + 4s^3 + 2s^2 + 7s + 2}$,试判断其稳定性。

(2)二阶系统的传递函数为 $G(s) = \dfrac{10}{s^2 + 2s + 10}$,

①编写程序,观察并记录单位阶跃响应曲线;

②记录实际测量的峰值大小、峰值时间及过渡时间,并填写表 3-1。

表 3-1   记录结果

性能指标		实际值	理论值
峰值 $C_{\max}$			
稳态值 $C(\infty)$			
峰值时间 t_p			
过渡时间 t_s	($\Delta = \pm 5\%$)		
	($\Delta = \pm 2\%$)		
上升时间 t_r			
超调量 $\sigma / \%$			

(3)二阶系统的传递函数为 $G(s) = \dfrac{\omega^2}{s^2 + 2\omega\xi s + \omega_n^2}$,

①当参数 $\omega = 6$ rad/s,ξ 分别为 0.2,0.4,0.6,0.8,1.0,2.0 时,分别画出其单位阶跃响应曲线;

②当 $\xi = 0.7$,ω 分别为 2 rad/s,4 rad/s,6 rad/s,8 rad/s,10 rad/s,12 rad/s 时,分别画出其单位阶跃响应曲线。

四、实验报告要求

(1)完成实验内容。

(2)分析参数 ξ 和 ω 对系统单位阶跃响应的影响。

(3)分析单位阶跃响应曲线的稳态值与系统模型的关系。

实验四　控制系统的根轨迹分析

一、实验目的

(1)利用计算机画出控制系统的根轨迹图。

(2)了解控制系统根轨迹图的一般规律。

(3)利用根轨迹图进行系统根轨迹分析。

控制系统的
根轨迹分析(上)

控制系统的
根轨迹分析(下)

二、实验原理

(一)常规根轨迹绘制方法

1.根轨迹方程

系统的闭环传递函数为

$$\Phi(s)=\frac{C(s)}{R(s)}=\frac{G(s)}{1+G(s)H(s)} \tag{4-1}$$

式中,$G(s)$为前向通道传递函数;$H(s)$为反向通道传递函数。

该系统的特征方程为

$$D(s)=1+G(s)H(s)=0 \text{ 或 } G(s)H(s)=-1 \tag{4-2}$$

式中,$D(s)$为输出函数的拉普拉斯变换。式(4-2)被称为"系统的根轨迹方程"。

根轨迹方程又可写成如下形式:

$$\frac{\prod\limits_{i=1}^{m}(s-z_i)}{\prod\limits_{j=1}^{n}(s-p_j)}=-\frac{1}{K_g} \tag{4-3}$$

式中，K_g 为系统的根轨迹增益；z_i 为系统的开环零点；p_j 为系统的开环极点；m 为开环零点数；n 为开环极点数。

根轨迹的幅值方程为

$$\frac{\prod\limits_{i=1}^{m}|s-z_i|}{\prod\limits_{j=1}^{n}|s-p_j|}=\frac{1}{K_g} \tag{4-4}$$

根轨迹的相角方程为

$$\sum_{i=1}^{m}\angle(s-z_i)-\sum_{j=1}^{n}\angle(s-p_j)=(2k+1)\pi, \quad k=0,\pm1,\pm2,\cdots \tag{4-5}$$

根据式(4-4)和式(4-5)，可完全确定 s 平面上根轨迹及根轨迹增益。相角条件(即相角方程)是确定 s 平面上根轨迹的充要条件。也就是说，绘制根轨迹时，只需要使用相角条件。当需要确定根轨迹上各点的 K_g 值时，才使用幅值条件(即幅值方程)。

2.根轨迹绘制法则(常规根轨迹)

法则 1 根轨迹的起点($K_g=0$)和终点($K_g\to\infty$)：根轨迹起始于开环极点，终止于开环零点。

法则 2 根轨迹的分支数和对称性：系统根轨迹的分支数与开环零点数 m 和开环极点数 n 中的较大者相等。根轨迹是连续的，并且对称于实轴。

法则 3 根轨迹的渐近线：当开环传递函数中 $m<n$ 时，有 $n-m$ 条根轨迹分支沿着与实轴交角为 φ_a、交点为 σ_a 的一组渐近线趋于无穷远处，且有：

$$\varphi_a=\frac{(2k+1)\pi}{n-m}, \quad k=0,1,\cdots,n-m-1 \tag{4-6}$$

$$\sigma_a=\frac{\sum\limits_{j=1}^{n}p_j-\sum\limits_{i=1}^{m}z_i}{n-m} \tag{4-7}$$

法则 4 实轴上的根轨迹：在实轴的某一区段内，若其右侧的开环实数零点、极点个数之和为奇数，则该段实轴必是根轨迹。

法则 5 根轨迹分离点(会合点)：两条或两条以上的根轨迹在 s 平面相遇后立即分开的点，称为根轨迹的"分离点"(会合点)。

分离点的坐标 d 是下列方程的解：

$$\sum_{i=1}^{m}\frac{1}{d-z_i}=\sum_{j=1}^{n}\frac{1}{d-p_j} \tag{4-8}$$

法则 6 根轨迹的出射角与入射角：根轨迹离开开环复数极点处的切线与正实轴方向的夹角，称为出射角(起始角)，记为 θ_{px}。根轨迹进入开环复数零点处的切线与正实轴方向的夹角,称为入射角(终止角),记为 φ_{zx}。

$$\theta_{px} = (2k+1)\pi + \sum_{i=1}^{m} \angle(p_x - z_i) - \sum_{j=1, j \neq x}^{n} \angle(p_x - p_j) \tag{4-9}$$

$$\varphi_{zx} = (2k+1)\pi - \sum_{i=1, i \neq x}^{m} \angle(z_x - z_i) + \sum_{j=1}^{n} \angle(z_x - p_j) \tag{4-10}$$

法则 7 根轨迹与虚轴交点:若根轨迹与虚轴相交,则交点的坐标可按下面两种方法求出。

方法一:在系统的闭环特征方程 $D(s)=0$ 中,令 $s=j\omega$,$D(j\omega)=0$ 的解就是交点的坐标。

方法二:根据劳斯稳定判据求交点的坐标。

法则 8 闭环极点的和:若开环传递函数分母阶次 n 比分子阶次 m 高 2 次或 2 次以上,即 $n-m \geqslant 2$,则系统闭环极点之和等于其开环极点之和。

(1)根的分量之和是一个与 K_g 无关的常数。

(2)各分支要保持总和平衡,走向要左右对称。

(二)MATLAB 绘图的基本知识

MATLAB 具有丰富的获取图形输出的程序集。在前面的实验中,已用 plot( )绘制线性 x-y 图形,用 loglog( )、semilogx( )、semilogy( )或 polar 取代 plot( ),可以产生对数坐标图和极坐标图等。所有这些函数的应用方式都是相似的,只是在如何给坐标轴进行分度和如何显示数据上有所差别。

1.二维图形绘制

如果用户将 x 轴和 y 轴的两组数据分别存储在向量 x 和 y 中,且 x 和 y 的长度相同,则可采用下列命令画出 y 相对于 x 的关系图。

    plot(x, y)

例 4-1 如果想绘制出一个周期内的正弦曲线,则首先应用命令 $t=0:0.01:2*pi$(pi 是系统自定义的常数,可用 help 命令显示其定义)来产生自向量 t;然后由命令 $y=\sin(t)$,基于向量 t 求出正弦向量 y,这样就可以调用命令 plot(t, y)来绘制出所需的正弦曲线。一个周期内的正弦曲线如图 4-1 所示。

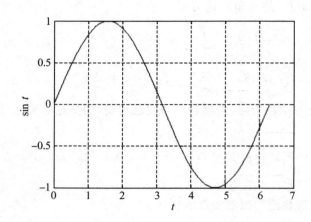

图 4-1 一个周期内的正弦曲线

2.一幅图上画多条曲线

利用具有多个输入变量的 plot( )函数,可以在一个绘图窗口中同时绘制多条曲线,命令格式为:

> plot(x1,Y1,x2,Y2,…,xn,Yn)

命令中 x1,Y1,x2,Y2,…,xn,Yn 等一系列变量是向量对,每一个向量对都可以用图解表示出来,因而可以在一幅图上画出多条曲线。多重变量的优点是它允许不同长度的向量对在同一幅图上显示出来。向量对可以采用不同的线型以示区别。

另外,在一幅图上叠画一条以上的曲线时,也可以利用 hold 命令。hold 命令可以保持当前的图形,防止删除和修改比例尺。因此,后来画出的那条曲线将会重叠在原曲线图上。再次输入 hold 命令后,会使当前的图形复原。另外,也可以用条曲线 hold on 和 hold off 命令来启动或关闭图形保持。

3.图形的线型和颜色

为了区分多条曲线,MATLAB 提供了一些绘图选项,可以用不同的线型或颜色来区分多条曲线,常用的绘图选项如表 4-1 所示。

表 4-1 MATLAB 中常用的绘图选项

选项	意义	选项	意义
'—'	实线	'——'	短划线
':'	虚线	'—.'	点划线
'r'	红色	'*'	用星号绘制各个数据点

选项	意义	选项	意义
'b'	蓝色	'o'	用圆圈绘制各个数据点
'g'	绿色	'.'	用圆点绘制各个数据点
'y'	黄色	'×'	用叉号绘制各个数据点

表 4-1 中给出的选项有一些是可以并列使用的,能够规定一条曲线的线型和颜色,例如"－－g"表示绿色的短划线。带有选项的曲线绘制命令的调用格式如下:

```
plot(X1, Y1, S1, X2, Y2, S2, …)
```

4.加网格线、图形标题、x 轴和 y 轴标记

屏幕上显示出图形后,就可以依次输入以下命令将网格线、图形标题、x 轴和 y 轴标记叠加在图形上。

```
grid('网络线')
title('图形标题')
xlabel('x 轴标记')
ylabel('y 轴标记')
```

注意:单引号内的字符串将被写到图形的坐标轴或标题等位置。

5.在图形窗口中书写文字

如果想在图形窗口中书写文字,可以单击按钮 **A**,然后在屏幕上一点单击鼠标,在光标处输入文字。另一种输入文字的方法是调用 text(　)。text(　)可以在屏幕上坐标为"x,y"的地方书写文字,命令格式如下:

```
text(x, y, 'text')
```

例如,利用下列语句实现在坐标为(3，0.45)的地方水平写出"sint"。

```
text(3，0.45，'sint')
```

6.自动绘图算法及手工坐标轴定标

在 MATLAB 图形窗口中,图形的横坐标、纵坐标是自动标定的,在另一幅图形画出之前,当前屏幕显示的图形作为现行图保持不变,但是在另一幅图形画出之后,原图形将被删除,坐标轴自动进行重新标定。关于瞬态响应曲线、根轨迹、伯德图(Bode plot)、耐奎斯特图(Nyqtlist plot)等图的自动绘图算法已被设计出来,它们对于各类系统具有广泛的适用性,但是并非总是理想的。因此,在某些情况下,可能需要放弃绘图命令中的坐

标轴自动标定特性,由用户自己设定坐标范围,可以在程序中加入下列语句:

```
v=[x−min   x−max   y−min   y−max]
axis(v)
```

axis(v)命令中的 v 是一个四元向量。axis(v)命令可把坐标轴定标建立在规定的范围内。对于对数坐标图, v 的元素应为最小值和最大值的常用对数。执行 axis(v)命令会把当前的坐标轴标定范围保持到后面的图形中,再次输入"axis"可恢复系统的自动标定特性。

axis('sguare')能够把图形的范围设定在方形范围内。axis('normal')可使长宽比恢复到正常状态。

(三)利用 MATLAB 绘制系统根轨迹

假设闭环系统中的开环传递函数可以表示为

$$G(s)=K\frac{s^m+b_1s^{m-1}+\cdots+b_{m-1}s+b_m}{s^n+a_1s^{n-1}+\cdots+a_{n-1}s+a_n}=K\frac{num}{den}=KG_0(s) \tag{4-11}$$

则闭环特征方程为

$$1+K\frac{num}{den}=0 \tag{4-12}$$

闭环特征方程的根随增益 K 的变化而变化,即为闭环根轨迹。MATLAB 的控制系统工具箱中提供了 rlocus( )函数,可以用来绘制给定系统的根轨迹,它的调用格式有以下几种:

```
rlocus(num, den)
rlocus(num, den, K)
```

或者

```
rlocus(G)
rlocus(G, K)
```

以上给定命令可以在屏幕上画出根轨迹图,其中 G 为开环系统 $G_0(s)$ 的对象模型,向量 K 为用户自己选择的增益系数。如果用户不给出 K,则该命令函数会自动选择 K。如果在函数调用中需要返回参数,则需要引入左端变量,调用格式如下:

```
[R, Q]=rlocus(G)
```

此时屏幕上不显示图形,而生成变量 R 和 Q。R 为根轨迹各分支线上的点构成的复数矩阵, Q 的每一个元素对应于 R 中的一行。若需要画出根轨迹,则需要采用以下命令:

```
plot(R, '')
```

plot( )函数里引号内的部分用于选择所绘制曲线的类型,详细内容参见附表 3-1。MATLAB 的控制系统工具箱中还提供了 rlocfind( )函数,该函数允许用户求取根轨迹上指定点处的开环增益值,并将该增益下所有的闭环极点显示出来。rlocfind( )函数的调用格式如下:

$$[K，P]=rlocfind(G)$$

这个函数运行后,图形窗口中会出现要求用户使用鼠标定位的提示,用户可以单击根轨迹上的点。这样将返回变量 K 和 P,K 为所选择点对应的开环增益,P 为该增益下所有的闭环极点位置。此外,rlocfind( )函数还能自动地将该增益下所有的闭环极点直接在根轨迹曲线上显示出来。

例 4-2　已知系统的开环传递函数模型为

$$G(s)=\frac{K}{s(s+1)(s+2)}=KG_0(s)$$

利用下面的 MATLAB 命令可以很容易地求出系统的根轨迹,如图 4-2 所示。

```
G＝tf(1，[conv([1，1]，[1，2])，0]);
rlocus(G);
grid
title('Root_Locus Plot of G(s)＝K/[s(s+1)(s+2)]')
xlabel('Real Axis')        %给图形中的横坐标命名。
ylabel('Imag Axis')        %给图形中的纵坐标命名。
[K,P]＝rlocfind(G)
```

单击根轨迹上与虚轴相交的点,在命令窗口中可显示如下结果:

```
select_point＝0.0000＋1.3921i
  K＝
     5.8142
  p＝
     －2.29830
     －0.0085＋1.3961i
     －0.0085－1.3961i
```

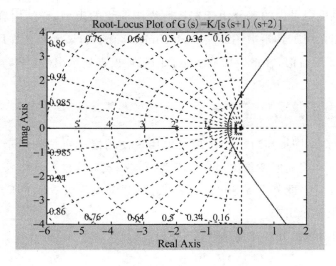

图 4-2　系统的根轨迹

所以，要想使此闭环系统稳定，其增益范围应为 $0 < K < 5.81$。

参数根轨迹反映了闭环根与开环增益 K 的关系。可以编写程序，观察 K 变化时，对应根处阶跃响应的变化。$K = 0.1, 0.2, \cdots, 1, 2, \cdots, 5$ 时，闭环系统的阶跃响应曲线可由以下 MATLAB 命令得到。

```
G＝tf(1, [conv([1, 1], [1, 2]), 0]);
hold off;        ％擦掉图形窗口中原有的曲线。
t＝0:0.2:15;
Y＝[ ];
for K＝[0.1:0.1:1, 2:5]
    GK＝feedback(K * G, 1);
    y＝step(GK, t);
    Y＝[Y, y];
end
plot(t, Y)
```

对于 for 循环语句，循环次数由 K 决定。系统画出的图形如图 4-3 所示。从图中可以看出，当 K 值增加时，一对主导极点起作用，且阶跃响应速度变快。一旦 K 接近临界值，振荡加剧，系统性能变差。

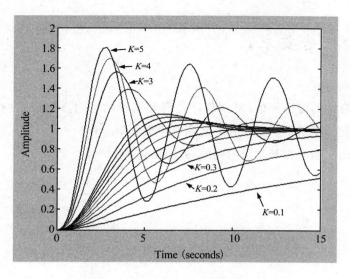

图 4-3 不同 K 值下的阶跃响应曲线

三、实验内容

（1）用 MATLAB 函数完成《MATLAB 2020 智能算法从入门到精通》中习题 4-1 各小题的根轨迹图绘制。

（2）开环传递函数为

$$G(s) = \frac{K}{s(s+1)(s+2)}$$

绘制其根轨迹图，要求：①记录根轨迹的起点、终点与根轨迹的条数；②确定根轨迹的分离点与相应的根轨迹增益；③确定临界稳定时的根轨迹增益。

（3）绘制图 4-4 所示系统结构图的系统根轨迹图，并添加网格线和标题。

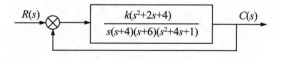

图 4-4 系统结构图

四、实验报告要求

（1）完成实验内容。

（2）写清楚自定的传递函数，复制程序代码和运行结果，打印并粘贴在实验报告中。不方便打印的同学，要求手动抄写和绘制到实验报告中。

（3）简要写出实验心得和发现的问题，并给出建议。

实验五　控制系统的频域分析

一、实验目的

(1)利用计算机绘制开环系统的波特图。

(2)观察并记录控制系统的开环频率特性。

(3)分析控制系统的开环频率特性。

控制系统的
频域分析(上)

控制系统的
频域分析(中)

二、实验原理

控制系统的
频域分析(下)

(一)开环幅相曲线绘制方法

设开环频率特性为

$$G(j\omega)=G_1(j\omega)G_2(j\omega)\cdots G_n(j\omega)=A(\omega) \cdot e^{j\varphi(\omega)}$$

其中

$$A(\omega)=A_1(\omega)A_2(\omega)\cdots A_n(\omega)=\prod_{i=1}^{n}A_i(\omega)$$

$$\varphi(\omega)=\sum_{i=1}^{n}\varphi_i(\omega)$$

近似绘制开环幅相曲线的步骤如下：

(1)确定起点($\omega=0$)：精确求出 $A(0),\varphi(0)$。

(2)确定终点($\omega=\infty$)：精确求出 $A(\infty),\varphi(\infty)$。

(3)确定曲线与坐标轴的交点：$G(j\omega)=\text{Re}(\omega)+j\text{Im}(\omega)$。

(4)确定曲线与实轴的交点：令 $\text{Im}(\omega)=0$，求出 ω_x，代入 $\text{Re}(\omega_x)$。

(5)由起点出发,绘制曲线的大致形状。

示例 已知系统开环传递函数为

$$G(s) = \frac{k}{(T_1 s + 1)(T_2 s + 1)}$$

试绘制系统的开环幅相曲线。

解:系统的开环频率特性为

$$G(j\omega) = \frac{k}{(j\omega T_1 + 1)(j\omega T_2 + 1)}$$

$(1)\omega = 0$, $G(j0) = k < 0°$;

$(2)\omega = \infty$, $G(j\infty) = 0° < -180°$;

(3)当 ω 增加时,$\varphi(\omega)$ 是单调递减的,从 $-180° \sim 0°$,幅相频率特性曲线一定与虚轴的负半轴相交于某一点。

近似绘制的开环幅相频率特性曲线如图 5-1 所示。

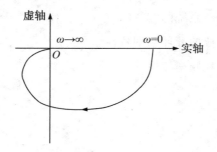

图 5-1 近似绘制开环幅相频率特性曲线

(二)用 MATLAB 绘制奈奎斯特图

MATLAB 的控制系统工具箱中提供了一个 nyquist( ) 函数,可以用来直接求解奈奎斯特阵列或绘制奈奎斯特图。当命令中不包含左端返回变量时,nyquist( ) 函数仅在屏幕上产生奈奎斯特图,调用格式如下:

```
nyquist(num, den)
nyquist(num, den, w)
```

或者

```
nyquist(G)
nyquist(G, w)
```

上述命令可画出下列开环系统传递函数的奈奎斯特图：

$$G(s) = \frac{num(s)}{den(s)}$$

如果用户给出了频率向量 w，w 中包含了要分析的以 rad/s 表示的各个频率点。在这些频率点上，系统将对频率响应进行计算。若没有指定的 w，则系统会自动选择频率向量进行计算。

对于 nyquist(num, den) 和 nyquist(G)，用户不必给定频率向量，系统会自动选择频率向量进行计算。nyquist(num, den, w) 和 nyquist(G, w) 需要用户给出频率向量。

当命令中包含了左端的返回变量时，即

[re, im, w]＝nyquist(G)

或

[re, im, w]＝nyquist(G, w)

程序运行后不在屏幕上显示图形，而是将计算结果返回到向量 re、im 和 w 中。向量 re 和 im 分别表示频率响应的实部和虚部，它们都是由向量 w 中指定的频率点计算得到的。

例 5-1　二阶典型环节为

$$G(s) = \frac{1}{s^2 + 0.8s + 1}$$

试利用 MATLAB 画出其奈奎斯特图。

输入以下 MATLAB 命令，可以得出奈奎斯特图，如图 5-2 所示。

```
num＝[0, 0, 1];
den＝[1, 0.8, 1];
nyquist(num, den)
%设置坐标显示范围。
v＝[-2, 2, -2, 2];
axis(v)
grid
title('Nyquist Plot of G(s)＝1/(s^2+0.8s+1)')
```

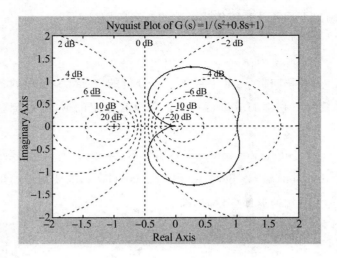

图 5-2   二阶典型环节的奈奎斯特图

（三）伯德图绘制方法

绘制伯德图的步骤如下：

（1）在半对数坐标上标出所有的转折频率；

（2）确定低频段的斜率和位置；

（3）由低频段开始向高频段延伸，每经过一个转折频率，曲线的斜率发生相应的变化。

示例   单位反馈系统的开环传递函数为

$$G(s) = \frac{100(s+2)}{s(s+1)(s+20)}$$

试绘制其伯德图。

解：将传递函数化简成标准形式，具体如下：

$$\frac{100(s+2)}{s(s+1)(s+20)} = \frac{10(0.5s+1)}{s(s+1)(0.05s+1)}$$

按照上述步骤绘制伯德图，近似绘制的伯德图如图 5-3 所示。

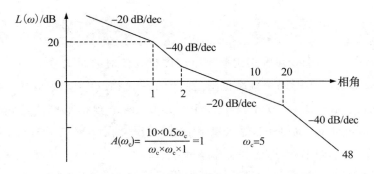

图 5-3 近似绘制的伯德图

（四）用 MATLAB 绘制伯德图

MATLAB 的控制系统工具箱中提供的 bode( ) 函数可以直接求取、绘制给定线性系统的伯德图。

当命令不包含左端返回变量时，bode( ) 函数运行后会在屏幕上直接绘制出伯德图。如果命令的左端含有返回变量，则 bode( ) 函数计算出的幅值和相角将返回到相应的矩阵中，这时屏幕上不显示频率响应图。bode( ) 函数的调用格式如下：

[mag, phase, w]＝bode(num, den)
[mag, phase, w]＝bode(num, den, w)

或

[mag, phase, w]＝bode(G)
[mag, phase, w]＝bode(G, w)

上述命令中，矩阵 *mag* 和 *phase* 包含系统频率响应的幅值和相角，这些幅值和相角是在用户指定的频率点上计算得到的。用户如果没有给出频率向量 *w*，MATLAB 会自动选择频率向量。这时的相角是以度来表示的，幅值为增益值。在绘制伯德图时增益值要转换成分贝值，因为分贝是绘制幅频图时常用的单位。可以由以下命令把幅值转变成分贝（dB）：

magdb＝20 ∗ log10(mag)

伯德图的横坐标是以对数分度形式表示的。为了指定频率的范围，可采用以下命令：

logspace(d1, d2)

或

```
logspace(d1, d2, n)
```

logspace(d1, d2)命令可在指定频率范围内将其按对数距离分成 50 个等分频率点，即在 $\omega_1 = 10^{d_1}$ 和 $\omega_2 = 10^{d_2}$ 两个频率范围之间产生一个由 50 个点组成的分量，点数 50 是默认值。例如在 $\omega_1 = 0.1$ rad/s 和 $\omega_2 = 100$ rad/s 两个频率范围内绘制伯德图，$d_1 = \lg(\omega_1) = -1$，$d_2 = \log_{10}(\omega_2) = 2$，输入以下命令，系统会在 0.1～100 rad/s 范围内自动按对数距离等分 50 个频率点，返回到工作空间中。

```
w=logspace(-1, 2)
```

若要对计算点数进行人工设定，可采用 logspace(d1, d2, n)命令。例如，要在 $\omega_1 = 1$ 与 $\omega_2 = 1000$ 之间产生 100 个对数等分频率点，可输入以下命令：

```
w=logspace(0, 3, 100)
```

在绘制伯德图时，MATLAB 利用以上命令产生的频率向量 w，可以很方便地绘制出希望频率的伯德图。

由于伯德图是半对数坐标图且幅频图和相频图要同时在一个窗口中绘制，因此要用到半对数坐标绘图函数和子图函数。

1.对数坐标绘图函数

利用工作空间中的向量 x 和 y 绘图，需要调用 plot( )函数。若要绘制对数或半对数坐标图，只需要用相应函数名取代 plot 即可，其余参数应与 plot( )函数内的完全一致。下面是几个常用绘图函数。

```
semilogx(x, y, s)
```

上述命令表示只对 x 轴进行对数变换，y 轴仍为线性坐标。

```
semilogy(x, y, s)
```

上述命令表示只对 y 轴进行对数变换，x 轴仍为线性坐标。

```
Loglog(x, y, s)
```

上述命令表示 x 轴和 y 轴均取对数变换。

2.子图函数

MATLAB 允许将一个图形窗口分成多个子窗口，分别显示多个图形，这就要用到 subplot( )函数，其调用格式如下：

```
subplot(m, n, k)
```

该函数可将一个图形窗口分割成 $m×n$ 个子窗口，m 为行数，n 为列数，用户可以通过参数 k 调用各子窗口进行操作，子窗口按行从左至右依次编号。对一个子窗口进行的图形设置不会影响到其他子窗口，而且各子窗口允许有不同的坐标系。例如，subplot(4,3,6)则表示将窗口分割成 $4×3$ 个子窗口，并在第 6 个子窗口上绘制图形。MATLAB 最多允许分成 $9×9$ 个子窗口。

例 5-2　单位负反馈系统的开环传递函数为

$$G(s)=\frac{10(s+1)}{s(s+7)}$$

试绘制出其伯德图。

输入以下 MATLAB 命令，可以直接在屏幕上绘制出伯德图，如图 5-4 所示。

```
num=10*[1，1];
den=[1，7，0];
bode(num，den)
grid
title('Bode Diagram of G(s)=10*(s+1)/[s(s+7)]')
```

该程序绘图时的频率范围(0.01～30 rad/s)是自动确定的，且幅值取分贝值，相角取对数，图中有 2 个子图，均是自动完成的。

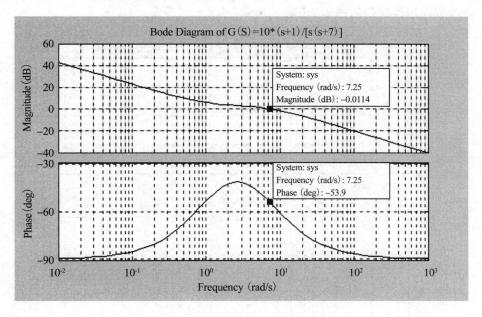

图 5-4　自动产生频率点画出的伯德图

如果希望显示的频率范围窄一点,则程序修改如下:

```
num＝10 ∗ [1，1]；
den＝[1，7，0]；
w＝logspace(－1，2，50)；  ％从 0.1 至 100,取 50 个点。
[mag，phase，w]＝bode(num，den，w)；
magdB＝20 ∗ log10(mag)  ％增益值转化为分贝值。
％第一个图画伯德图幅频部分。
subplot(2，1，1)；
semilogx(w，magdB，'－r')  ％用红线画。
grid
title('Bode Diagram of G(s)＝10 ∗ (s＋1)/[s(s＋7)]')
xlabel('Frequency (rad/s)')
ylabel('Gain (dB)')
％第二个图画伯德图相频部分。
subplot(2，1，2)；
semilogx(w，phase，'－r')；
grid
xlabel('Frequency (rad/s)')
ylabel('Phase (deg)')
```

修改程序后绘制的伯德图如图 5-5 所示。

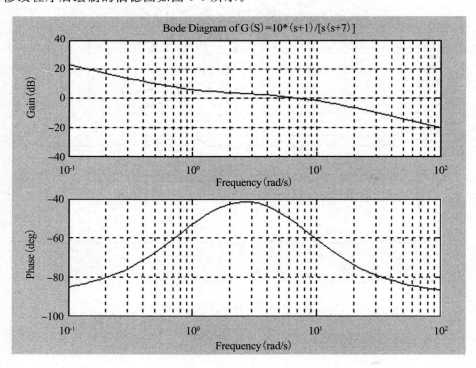

图 5-5　指定频率点的伯德图

(五)用 MATLAB 求取稳定裕度

同前面介绍的求时域响应性能指标类似,由 bode( )函数绘制的伯德图也可以采用游动鼠标法求取系统的幅值裕度和相位裕度。例如,在图 5-5 所示的幅频曲线上单击某一点游动鼠标,找出纵坐标趋近于零的点,从提示框图中读出该点的频率约为 7.25 dB。然后在相频曲线上用同样的方法找到横坐标最接近 7.25 dB 的点,可读出其相位为 $-53.9°$。由此可得,此系统的相位裕度为 126.1°。幅值裕度的计算方法与此类似。

此外,MATLAB 的控制系统工具箱中提供了 margin( )函数,用于求取给定线性系统幅值裕度和相位裕度,其调用格式如下:

$$[Gm, Pm, Wcg, Wcp] = margin(G);$$

可以看出,幅值裕度与相位裕度可以由线性系统对象 G 求出,返回的变量对(Gm, Wcg)为幅值裕度的值与相应的相位穿越频率,而变量对(Pm, Wcp)则为相位裕度的值与相应的幅值穿越频率。若得出的裕度为无穷大,则显示"Inf",这时相应的频率值显示"NaN"(表示非数值),Inf 和 NaN 均为 MATLAB 软件保留的常数。

如果已知系统的频率响应数据,还可以由下面的格式调用 margin( )函数。

$$[Gm, Pm, Wcg, Wcp] = margin(mag, phase, w);$$

其中,mag,$phase$,w 分别为频率响应的幅值、相位与频率向量。

例 5-3 已知三阶系统开环传递函数为

$$G(s) = \frac{7}{2(s^3 + 2s^2 + 3s + 2)}$$

试绘制出奈奎斯特图、闭环单位阶跃响应曲线。

利用下面的 MATLAB 程序,画出系统的奈奎斯特图,求出相应的幅值裕度和相位裕度,并画出闭环单位阶跃响应曲线。

```
G=tf(3.5, [1, 2, 3, 2]);
subplot(1, 2, 1);   %第一个图为奈奎斯特图。
nyquist(G);
grid
xlabel('Real Axis')
ylabel('Imag Axis')
%第二个图为时域响应图。
[Gm, Pm, Wcg, Wcp]=margin(G);
G_c=feedback(G, 1);
subplot(1, 2, 2);
```

```
step(G_c)
grid
xlabel('Time(seconds)')
ylabel('Amplitude')
```

运行结果如下,画出的图形如图 5-6 所示。

```
ans=1.1429      1.1578
      1.7321      1.6542
```

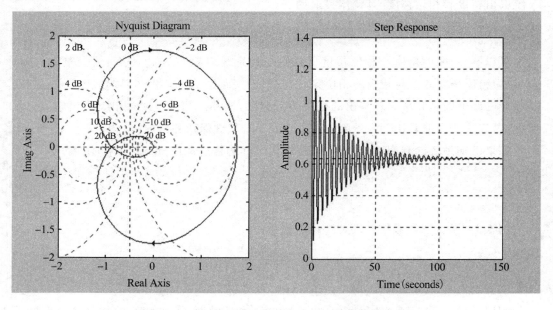

图 5-6   三阶系统的奈奎斯特图和闭环单位阶跃响应图

由图 5-6 中奈奎斯特曲线可以看出,奈奎斯特曲线并没有包围(−1,j0)点,故闭环系统是稳定的。虽然幅值裕度大于 1,但很接近 1,故奈奎斯特曲线与实轴的交点离临界点(−1,j0)很近,且相位裕度也只有 7.1578°。所以尽管系统稳定,但其性能不太好。观察闭环单阶跃响应图,可以看到波形有较强的振荡。

如果系统的相位裕度 $\gamma > 45°$,一般认为该系统有较好的相位裕度。

例 5-4   有一个新的系统模型,其开环传递函数为

$$G(s) = \frac{100(s+5)^2}{(s+1)(s^2+s+9)}$$

由下面的 MATLAB 程序可直接求出系统的幅值裕度和相位裕度。

```
G=tf(100 * conv([1, 5], [1, 5]), conv([1, 1], [1, 1, 9]));
[Gm, Pm, Wcg, Wcp]=margin(G)
```

运行结果如下：

```
Gm=            Pm=
   Inf               85.4365
Wcg=           Wcp=
   NaN               100.3285
```

再输入以下命令，得到系统响应图（见图 5-7）。

```
G_c=feedback(G,1);
step(G_c)
grid
xlabel('Time(seconds)')
ylabel('Amplitude')
```

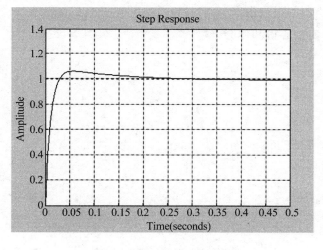

图 5-7　较理想的系统响应

三、实验内容

（1）用 MATLAB 绘制以下两个二阶系统的伯德图，要求：绘制出对应的伯德图，并加标题。

$$G(s)=\frac{25}{s^2+4s+25}$$

$$G(s)=\frac{9(s^2+0.2s+1)}{s(s^2+1.2s+9)}$$

（2）用 MATLAB 绘制下列二阶系统的奈奎斯特图，要求：图中加网格线、标题。

$$G(s) = \frac{1}{s^2 + 0.8s + 1}$$

（3）典型二阶系统为 $G(s) = \dfrac{\omega_n^2}{s^2 + 2\xi\omega_n s + \omega_n^2}$，试绘制 ξ 取不同值时的伯德图，取 $\omega_n = 6$，输入命令 $\xi = [0.1 : 0.1 : 1.0]$。

（4）某开环系统的传递函数为 $G(s) = \dfrac{50}{(s+5)(s-2)}$，试绘制系统的奈奎斯特图，并判断闭环系统的稳定性，最后求出闭环系统的单位脉冲响应。

四、实验报告要求

（1）完成实验内容。

（2）从屏幕上复制程序和运行结果，打印并粘贴在实验报告中。不方便打印的同学，要求手动抄写和绘制到报告中。

（3）简要写出实验心得和体会。

实验六　串联校正环节设计

一、实验目的

(1)学习使用 MATLAB 绘制根轨迹图和伯德图。

(2)熟悉使用根轨迹法和频率特性法设计典型滞后环节。

串联校正环节设计

二、实验原理

(一)串联校正装置的设计步骤和方法

1.串联超前校正

利用超前网络进行串联校正的基本原理是利用超前网络的相位超前特性,将超前网络的交接频率 $1/aT$ 和 $1/T$ 选在待校正系统截止频率的两旁,并适当选择参数 a 和 T,使已校正系统的截止频率和相位裕度满足性能指标的要求,从而改善闭环系统的动态性能。

闭环系统的稳态性能要求,可通过选择已校正系统的开环增益来保证。

用频域法设计无源超前网络的步骤如下:

(1)根据稳态误差要求,确定开环增益 K。

(2)利用已确定的开环增益,计算未校正系统的截止频率和相位裕度。

(3)计算校正后系统的截止频率 ω_c' 和超前网络的参数 a。

如果对校正后系统的截止频率 ω_c' 已提出要求,则可在伯德图上查得未校正系统的截止频率 ω_m,取 $\omega_m = \omega_c'$,充分利用网络的相位超前特性,则 ω_c' 对应的幅值满足式(6-1)。

$$L(\omega_c') + 10\lg a = 0 \tag{6-1}$$

从而求出超前网络的参数 a。

如果对校正后系统的截止频率 ω_c' 未提出要求，可从系统要求的相位裕度 γ^* 出发，通过式(6-2)求得 φ_m。

$$\varphi_m = \gamma^* - \gamma + \Delta \tag{6-2}$$

式中，φ_m 是超前网络产生的最大超前角；γ^* 是系统要求的相角裕度；γ 是未校正系统的相角裕度；Δ 为考虑 $\gamma(\omega_c < \omega_c')$ 所预留的角度，一般取 $5° \sim 10°$。

求出校正系统的最大超前角 φ_m 后，可根据式(6-3)求出超前网络的参数 a。

$$a = \frac{1 + \sin \varphi_m}{1 - \sin \varphi_m} \tag{6-3}$$

(4)在未校正系统的对数幅频特性上计算其幅值为 $-10\lg a$ 所对应的频率，就能得到校正后系统的截止频率 ω_c'，且 $\omega_c' = \omega_m$。

(5)确定校正系统的传递函数。校正系统的两个转折频率 ω_1 和 ω_2 可由式(6-4)确定。

$$T = \frac{1}{\omega_c' \sqrt{a}}, \quad \omega_1 = \frac{1}{aT}, \quad \omega_2 = \frac{1}{T} \tag{6-4}$$

由此可得出校正系统的传递函数如下：

$$G_c(s) = \frac{1 + s/\omega_1}{1 + s/\omega_2} \tag{6-5}$$

(6)校验校正系统是否满足给出的指标要求。因在第(3)步中选定的 ω_c'(或 φ_m)具有试探性，所以需要校验。

(7)根据超前网络的参数，确定超前网络的元件值。

2.串联滞后校正

串联滞后校正步骤如下：

(1)根据稳态误差要求，确定开环增益 K。

(2)利用已确定的开环增益，画出未校正系统的对数频率特性，确定未校正系统的截止频率 ω_c、相位裕度 γ 和 h。

(3)根据期望的相位裕度 γ^*，选择校正系统的截止频率 ω_c'。

滞后网络在新的截止频率 ω_c' 处会产生一定的相位滞后 $\varphi_c(\omega_c')$，因此式(6-6)成立。

$$\gamma^* = \gamma(\omega_c') = 180 + \varphi(\omega_c') + \varphi_c(\omega_c') \tag{6-6}$$

式中，γ^* 是指标要求值，即期望的相位裕度；$\varphi_c(\omega_c')$ 在确定 ω_c' 前可取 $-6°$。

于是，可求出相应的 ω_c' 值。

(4)根据式(6-7)和式(6-8)确定滞后网络的参数 b 和 T。

$$20\lg b + L(\omega_c') = 0 \tag{6-7}$$

$$\frac{1}{bT} = 0.1\omega_c' \tag{6-8}$$

根据式(6-8)，由已确定的 b 值立即可以算出滞后网络的 T 值。如果求得的 T 值过大，难以实现，则可将式(6-8)中的系数 0.1 适当增大，例如在 0.1～0.25 范围内选取，而 $\varphi_c(\omega_c')$ 的估计值相应在 $-14°$～$-6°$ 范围内确定。

（5）验算校正系统的相位裕度和幅值裕度。若不能满足期望值，重新回到步骤（3），直至满意为止。

（6）确定校正系统的元件值。

（二）应用 MATLAB 设计串联校正装置

利用 MATLAB 可以方便地画出系统的伯德图并求出幅值裕度和相位裕度。将 MATLAB 应用到经典理论的校正方法中，可以方便地校验系统校正前后的性能指标。通过反复试探不同校正参数对应的不同性能指标，能够设计出最佳的校正系统。

例 6-1　给定系统如图 6-1 所示，试设计一个串联校正装置，使系统满足幅值裕度大于 10 dB，相位裕度不小于 $45°$。

解：为了满足上述要求，试探地采用超前校正装置 $G_c(s)$，使系统变为图 6-2 所示系统。

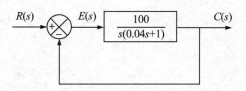

图 6-1　校正前的系统

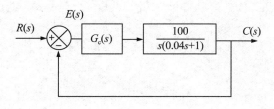

图 6-2　校正后的系统

首先，用下面的 MATLAB 语句得出原系统的幅值裕度与相位裕度。

```
G=tf(100, [0.04, 1, 0]);
[Gw, Pw, Wcg, Wcp]=margin(G);
```

运行结果显示在命令窗口中,具体如下:

```
w=                    Pw=
   Inf                   28.0243
Wcg=                  Wcp=
   Inf                   46.9701
```

可以看出,给定系统有无穷大的幅值裕度,并且其相位裕度约为 28°,幅值穿越频率约为 47 rad/s。

然后,引入一个串联超前校正装置,其传递函数如下:

$$G_c(s)=\frac{0.025s+1}{0.01s+1}$$

通过下面的 MATLAB 程序得出校正前后系统的伯德图(见图 6-3)和校正前后系统的阶跃响应图(见图 6-4)。其中 ω_1、γ_1、ts_1 分别为校正前系统的幅值穿越频率、相位裕度、调节时间,ω_2、γ_2、ts_2 分别为校正后系统的幅值穿越频率、相位裕度、调节时间。

```
G1=tf(100, [0.04, 1, 0]);    %  校正前的模型。
G2=tf(100 * [0.025, 1], conv([0.04, 1, 0], [0.01, 1]))%校正后的模型。
bode(G1)
hold
bode(G2,'——')                        %画伯德图,校正前用实线,校正后用短划线。
figure
G1_c=feedback(G1, 1)
G2_c=feedback(G2, 1)
step(G1_c)
hold
step(G2_c,'——')                      %画时域响应图,校正前用实线,校正后用短划线。
```

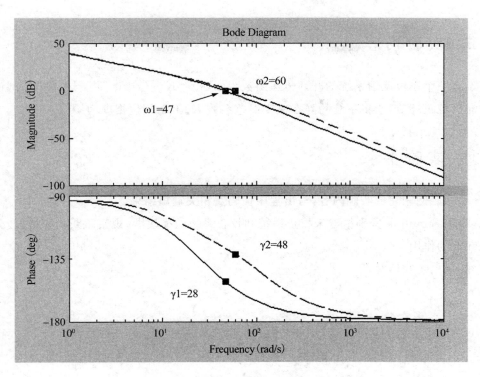

图 6-3　校正前后系统的伯德图

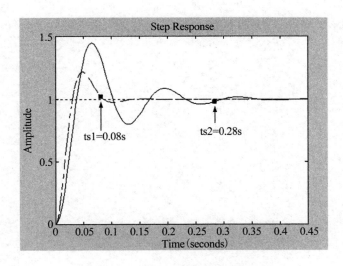

图 6-4　校正前后系统的阶跃响应图

可以看出,在串联超前校正装置作用下,校正后系统的相位裕度从 28° 增加到 48°,调节时间从 0.28 s 减少到 0.08 s。系统的性能有了明显提高,满足了设计要求。

三、实验内容

设有一个单位反馈系统的开环传递函数为 $G(s) = K/[(s+0.1)(s+0.01)]$，试设计一个滞后校正环节，使得系统的静态速度误差系数 $K_v \geqslant 5$，相位裕度为 $40°$。

四、实验要求

(1) 参照例题完成实验内容，写出程序代码及相关输出结果。

(2) 用 Simulink 分别搭建未校正系统和校正系统的模块图，观察阶跃响应情况，分析校正环节的作用。

(3) 写出实验体会。

实验七　离散控制系统分析

一、实验目的

(1)利用计算机进行 z 变换和 z 反变换。
(2)利用计算机获得离散控制系统的数学模型。
(3)分析离散控制系统的稳定性。

离散控制系统分析(上)

离散控制系统分析(下)

二、实验原理

(一)z 变换

1.线性定理

原函数 $e_1(t)$ 和 $e_2(t)$ 的 z 变换分别为 $E_1(z)$ 和 $E_2(z)$,若 $E_1(z)=Z[e_1(t)]$,$E_2(z)=Z[e_2(t)]$,则

$$Z[e_1(t)+e_2(t)]=E_1(z)+E_2(z) \tag{7-1}$$

$$Z[ae_1(t)]=aE_1(z) \tag{7-2}$$

2.实数位移定理(平移定理)

若 $E(z)=Z[e(t)]$,则

$$Z[e(t-nT)]=z-nE(z)Z[e(t+nT)]=z^n\left[E(z)-\sum_{k=0}^{n-1}e(kT)z^{-k}\right] \tag{7-3}$$

式中,n,T 均为常数。

3.复数位移定理(平移定理)

若 $E(z)=Z[e(t)]$,则

$$Z[e^{\mp at} \cdot e(t)]=E(ze^{\pm aT}) \tag{7-4}$$

式中,a 为常数。

4.初值定理

若 $E(z)=Z[e(t)]$,且 $\lim\limits_{z\to\infty}E(z)$ 存在,则

$$e(0)=\lim_{z\to\infty}E(z) \tag{7-5}$$

5.终值定理

若 $E(z)=Z[e(t)]$,函数序列 $e(kT)(k=0,1,\cdots)$ 均为有限值,且 $\lim\limits_{t\to\infty}e(t)$ 存在,则

$$e(\infty)=\lim_{t\to\infty}e(t)=\lim_{z\to 1}(z-1)E(z) \tag{7-6}$$

6.卷积和定理

设 $r(kT)$ 和 $g(kT)$ 为两个离散函数,其对应的 z 变换分别为 $R(z)$ 和 $G(z)$,则其离散卷积为

$$g(kT)*r(kT)=\sum_{n=0}^{k}g(nT)r[(k-n)T]=\sum_{n=0}^{\infty}g(nT)r[(k-n)T] \tag{7-7}$$

若 $c(kT)=g(kT)\times r(kT)$,则

$$C(z)=G(z)R(z) \tag{7-8}$$

(二)z 反变换

1.幂级数展开法(长除法)

利用长除法将函数的 z 变换表达式展开成按 z^{-1} 升幂排列的幂级数展开式,然后与 z 变换定义式对照求出原函数的脉冲序列。

设 z 变换表达式为

$$E(z)=\frac{b_0 z^m+b_1 z^{m-1}+\cdots+b_m}{a_0 z^n+a_1 z^{n-1}+\cdots+a^n} \quad (n\geqslant m) \tag{7-9}$$

将式(7-9)的分子多项式除以分母多项式,并将商按 z^{-1} 升幂排列,得

$$E(z)=c_0+c_1 z^{-1}+c_2 z^{-2}+\cdots+c_k z^{-k}+\cdots=\sum_{k=0}^{\infty}c_k z^{-k} \tag{7-10}$$

对式(7-10)取 z 反变换,可得

$$e^*(t)=\sum_{k=0}^{\infty}c_k\delta(t-kT) \tag{7-11}$$

式中,$\delta(t)$ 为单位脉冲函数。

2.部分分式法

部分分式展开法是将 $E(z)$ 展开成若干个简单分式的和,然后写出相应的 $e^*(t)$ 或 $e(kT)$。所有的 $E(z)$ 在其分子上都有因子 z,因此应先将 $E(z)$ 除以 z,然后将 $E(z)/z$ 展开为部分分式,最后将所得结果的每一项都乘以 z,即得到 $E(z)$ 的展式。

设函数 $E(z)$ 只有 n 个单极点 $z_1, z_2, \cdots, z_n$,则 $E(z)/z$ 的部分分式展开式为

$$\frac{E(z)}{z} = \sum_{i=1}^{n} \frac{A_i}{z - z_i}$$

$$E(z) = \sum_{i=1}^{n} \frac{A_i z}{z - z_i}$$

对 $E(z)$ 取 z 反变换,可得

$$e(kT) = \sum_{i=1}^{n} A_i z_i^k$$

$$e^*(t) = \sum_{k=0}^{\infty} e(kT)\delta(t - kT)$$

(三)z 变换和 z 反变换的 MATLAB 实现

MATLAB 提供了符号运算工具箱(Symbolic Math Toolbox),可方便地进行 z 变换和 z 反变换,进行 z 变换的函数是 ztrans( ),进行 z 反变换的函数是 iztrans( )。

ztrans( )函数调用格式如下:

```
F=ztrans(f)
F=ztrans(f, w)
F=ztrans(f, k, w)
```

iztrans( )函数调用格式如下:

```
f=iztrans(F)
f=iztrans(F, k)
f=iztrans(F, wk)
```

例 7-1 求函数 $f_1(t) = t$ 的 z 变换。

程序代码如下:

```
syms n k T z          %创建符号变量,T 为采样周期。
x=ztrans(n * T)       %函数 f₁(t)=t 的 z 变换。
x1=simplify(x)        %化简结果。
```

运行结果如下：

```
x=
    T * z/(z-1)^2
x=
    T * z/(z-1)^2
```

例 7-2　求函数 $F(s)=\dfrac{1}{s(s+1)}$ 的 z 变换。

首先进行拉普拉斯反变换,程序代码如下：

```
syms n k T z t s              %创建符号变量,T 为采样周期。
x=ilaplace(1/s/(s+1), t)      %函数 F(s)=1/s(s+1)的拉普拉斯反变换。
x1=simplify(x)                %化简结果。
```

运行结果如下：

```
x=
    1-exp(-t)
x=
    1-exp(-t)
```

然后进行 z 变换,程序代码如下：

```
syms n k T z t s              %创建符号变量,T 为采样周期。
x=ztrans(1-exp(-n * T))       %函数 1-exp(-t)的 z 变换。
x1=simplify(x)                %化简结果。
```

运行结果如下：

```
x=
    z/(z-1)-z/exp(-T)/(z/exp(-T)-1)
x1=
    z * (-1+exp(T))/(z-1)/(z * exp(T)-1)
```

例 7-3　求函数 $F(z)=\dfrac{2z^2-0.5z}{z^2-0.5z-0.5}$ 的 z 反变换。

程序代码如下：

```
syms n k T z      %创建符号变量,T 为采样周期。
x=iztrans((2 * z^2-0.5 * z)/(z^2-0.5 * z-0.5))      %函数 F(z)的 z 反变换。
x1=simplify(x)      %化简结果。
```

运行结果如下：

```
x=

    (−1/2)^n+1

x1=

    (−1)^n * 2^(−n)+1
```

(四)离散系统的脉冲传递函数

1.脉冲传递函数的定义

在线性定常离散系统中,当初始条件为零时,系统离散输出信号的 z 变换与离散输入信号的 z 变换之比,称为离散系统的脉冲传递函数。

$$G(z)=\frac{C(z)}{R(z)}=\frac{1+b_1 z^{-1}+b_2 z^{-2}+\cdots+b_m z^{-m}}{1+a_1 z^{-1}+a_2 z^{-2}+\cdots+a_n z^{-n}} \tag{7-12}$$

2.脉冲传递函数的一般求法

输入 $R(s)$ 的脉冲传递函数的求解步骤如下：

(1)先不考虑采样器(假设系统为连续系统),写出该系统的传递函数 $G(s)$,进而写出 $C(s)$。

(2)将 $C(s)$ 的分子、分母中的各乘积项看作串联的环节,考虑环节之间是否有采样器,写出相应的脉冲传递函数 $C(z)$。

(3)如有可能,写出系统的闭环脉冲传递函数 $G(z)$。

(五)离散控制系统的数学模型

1.连续系统模型与离散系统模型的转换函数

c2d( )函数可以将连续时间系统模型转换成离散时间系统模型,如 sysd＝c2d(sysc, Ts, 'method')。d2c( )函数可以将离散时间系统模型转换成连续时间系统模型,如 sysc＝d2c(sysd, 'method')。若 method 为 zoh,代表对输入信号加零阶保持器;若 method 为 foh,代表对输入信号加一阶保持器。

例 7-4 已知连续系统模型 $F(s)=\dfrac{1}{s(s+1)}$,试将此连续系统离散化,采样周期 $T=0.1\text{ s}$。

程序代码如下：

```
num=[1];
den=[1 1 0];
T=0.1;
G=tf(num, den)
Gd=c2d(G, T, 'zoh')
```

运行结果如下：

```
Transfer function：
    1
----------
s^2+s
Transfer function：
0.004837 z+0.004679
---------------------
z^2-1.905 z+0.9048
Sampling time：0.1
```

2.离散控制系统的稳定性分析

离散控制系统闭环稳定的充分条件：闭环脉冲函数的全部极点均位于单位圆内。因此，判断离散控制系统稳定性最直接的方法是计算闭环特征方程的极点，然后根据极点的位置来判断。

例 7-5　某控制系统结构如图 7-1 所示，其中 $D(z)=\dfrac{3.4z^{-1}-1.5z^{-2}}{1-1.6z^{-1}+0.8z^{-2}}$，$G_1(s)$ 和 $G_2(s)$ 是零阶保持器，$G_1(s)=\dfrac{1-e^{-0.05s}}{s}$，$G_2(s)=\dfrac{0.25}{s^2+3s+2}$，采样周期 $T=0.05$ s。试求系统的开环和闭环脉冲传递函数，当输入为单位阶跃函数时，试求其输出。

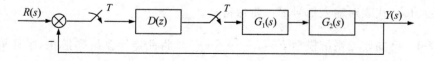

图 7-1　控制系统结构图

程序代码如下：

```
T=0.05;
dnum=[3.4,-1.5];
dden=[1,-1.6,0.8];
sysd1=tf(dnum,dden,T)
num=[0.25];
den=[1,3,2];
sys=tf(num,den)
sysd2=c2d(sys,T,'ZOH')
sysd=sysd1*sysd2
sysbd=feedback(sysd,1)
[dnum,dden]=tfdata(sysbd,'v')
pd=roots(dden)
t=0:0.05:5
y=dstep(dnum,dden,t)
stem(t,y)
xlabel('t')
ylabel('y')
grid
```

运行结果如下：

```
Transfer function：
   3.4 z-1.5
-----------------
z^2-1.6 z+0.8
Sampling time:0.05
Transfer function：
     0.25
-----------------
s^2+3s+2
Transfer function：
0.0002973 z+0.0002828
-----------------
z^2-1.856 z+0.8607
Sampling time:0.05
```

Transfer function：

0.001011 z^2＋0.0005156 z－0.0004242

----

z^4－3.456 z^3＋4.63 z^2－2.862 z＋0.6886

Sampling time：0.05

Transfer function：

    0.001011 z^2－0.0005156 z－0.0004242

----

z^4－3.456 z^3＋4.631 z^2－2.861 z＋0.6881

Sampling time：0.05

dnum＝

        0   0   0.0010   0.0005   －0.0004

dden＝

    1.0000   －3.4561   4.6314   －2.8615   0.6881

pd＝

  0.8030＋0.3935i

  0.8030－0.3935i

  0.9250＋0.0697i

  0.9250－0.0697i

三、实验内容

(1)求函数 $f_1(t)=e^{-at}$ 和 $F(s)=\dfrac{1}{(s+2)s(s+1)}$ 的 z 变换。

(2)求函数 $F(z)=\dfrac{z+0.5}{z^2+3z+2}$ 的 z 反变换。

(3)已知连续系统模型 $F(s)=\dfrac{1}{(s+2)(s+1)}$，用零阶及一阶保持器法分别将此连续系统离散化(采样周期 $T=0.1$ s)。

(4)某控制系统结构如图 7-2 所示，其中 $D(z)=\dfrac{0.5z^{-1}-1.2z^{-2}}{1-1.1z^{-1}+0.4z^{-2}}$，$G_1(s)$ 和 $G(s)$ 是零阶保持器，$G_1(s)=\dfrac{1-e^{-0.05s}}{s}$，$G_2(s)=\dfrac{0.21}{s^2+5s+6}$，采样周期 $T=0.02$ s。试求系统的开环和闭环脉冲传递函数，判断该闭环系统的稳定性，并画出其单位阶跃响应曲线。

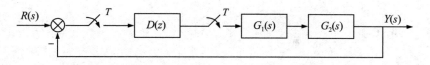

图 7-2　系统结构图（六）

四、实验报告要求

（1）完成实验内容。

（2）记录实验程序及相应曲线，并进行分析。

（3）简要写出实验心得与体会。

附录一　仿真实验源程序及实验结果

一、实验一的源程序和实验结果

1.实验内容(1)的源程序和实验结果

源程序如下：

```
K=15;
Z=[-3];
P=[-1;-5;-15];
G=zpk(Z,P,K)
G1=tf(G)
```

运行结果如下：

```
G=

        15(s+3)
    --------------------
    (s+1)(s+5)(s+15)

Continuous-time zero/pole/gain model.
G1=

        15s+45
    ----------------------
    s^3+21s^2+95s+75

Continuous-time transfer function.
```

2.实验内容（2）的源程序和实验结果

源程序如下：

```
num1=[10];
den1=conv([1,0],[1,2]);
G1=tf(num1,den1)
num2=[5,7];
den2=[1,4,2,5];
G2=tf(num2,den2)
G=series(G1,G2)
```

运行结果如下：

```
G1=

     10
   ----------
   s^2+2s
```

Continuous-time transfer function.

```
G2=

     5s+7
   -------------------
   s^3+4s^2+2s+5
```

Continuous-time transfer function.

```
G=

     50s+70
   -----------------------------
   s^5+6s^4+10s^3+9s^2+10s
```

Continuous-time transfer function.

3.实验内容（3）的源程序和实验结果

源程序如下：

```
num1=[10];
den1=[1,2,0];
G1=tf(num1,den1)
num2=[5,7];
den2=[1,4,2,5];
G2=tf(num2,den2)
G=parallel(G1,G2)
```

运行结果如下：

```
G1=

    10
   ----------
   s^2+2s

Continuous-time transfer function.
G2=

    5s+7
   ------------------------
   s^3+4s^2+2s+5

Continuous-time transfer function.
G=

    15s^3+57s^2+34s+50
   -------------------------------
   s^5+6s^4+10s^3+9s^2+10s

Continuous-time transfer function.
```

4.实验内容(4)的源程序和实验结果

源程序如下：

```
num1=[10];
den1=conv([1,0],[1,1]);
G1=tf(num1,den1);
num2=[2,1];
den2=[1,0];
G2=tf(num2,den2);
G3=feedback(G1,1)
G4=feedback(G1*G3,1)
```

运行结果如下：

```
G3=

    10
   ----------
   s^2+s+10

Continuous-time transfer function.
G4=

    100
   ------------------------
   s^4+2s^3+11s^2+10s+100

Continuous-time transfer function.
```

5.实验内容(5)的源程序和实验结果

源程序如下:

```
num1=[1,3,2,1,1];
den1=[1,4,3,2,3,2];
G=tf(num1,den1)
G1=zpk(G)
```

运行结果如下:

```
G=

    s^4+3s^3+2s^2+s+1
    ----------------------------------
    s^5+4s^4+3s^3+2s^2+3s+2


Continuous-time transfer function.
G1=

    (s+2.206)(s+1)(s^2-0.2056s+0.4534)
    -------------------------------------------------------------
    (s+3.181)(s^2+1.576s+0.7532)(s^2-0.7572s+0.8347)
Continuous-time zero/pole/gain model.
```

二、实验二的源程序和实验结果

1.实验内容(1)的源程序和实验结果

源程序如下:

```
num=[1];
den=[1,1];
num1=[2];
den1=[1,1,2];
step(num,den)
hold
step(num1,den1)
```

实验结果如附图 1-1 所示。

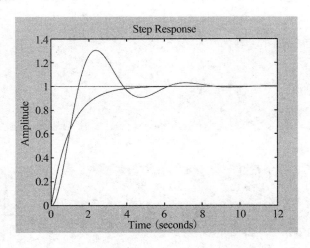

附图 1-1　实验结果

2.实验内容(2)的源程序和实验结果

源程序如下：

```
num=[1];
den=[1,0];
num1=[2.23];
den1=[1,1.43];
G1=tf(num,den)
G2=tf(num1,den1)
G3=feedback(G1*G2,1)
step(G3)
```

Simulink 搭建模型如附图 1-2 所示。

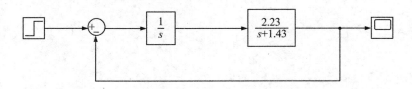

附图 1-2　Simulink 搭建模型

运行结果如下,阶跃响应图如附图 1-3 所示。

$$\frac{1}{s}$$

Continuous-time transfer function.

G2=

$$\frac{2.23}{s+1.43}$$

Continuous-time transfer function.

G3=

$$\frac{2.23}{s^2+1.43s+2.23}$$

Continuous-time transfer function.

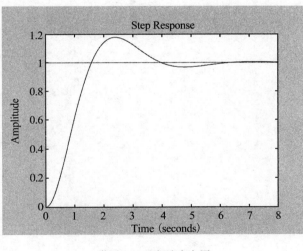

附图 1-3 阶跃响应图

三、实验三的源程序和实验结果

1.实验内容(1)的源程序和实验结果

源程序如下:

```
num=[1,3,4,2,7,2];
v=roots(num)
```

运行结果如下：

```
v=
    -1.7680+1.2673i
    -1.7680-1.2673i
     0.4176+1.1130i
     0.4176-1.1130i
    -0.2991+0.0000i
```

结论：两个根不具有负实部，系统不稳定。

2.实验内容（2）的源程序和实验结果

源程序如下：

```
num=[10];
den=[1,2,10];
G1=tf(num,den);
step(G1)
[y,t]=step(G1);
%求峰值。
[Y,k]=max(y);
timetopeak=t(k)
%求超调量。
C=dcgain(G1);
percentovershoot=100*(Y-C)/C
%求上升时间。
n=1;
while y(n)<C
    n=n+1;
end
risetime=t(n)
%求调节时间,误差2%。
i=length(t);
    while(y(i)>0.98*C)&(y(i)<1.02*C)
    i=i-1;
end
setllingtime=t(i)
```

运行结果如下，阶跃响应图如附图 1-4 所示。

```
timetopeak=
        1.0592
percentovershoot=
        35.0670
risetime=
        0.6447
setllingtime=
        3.4999
```

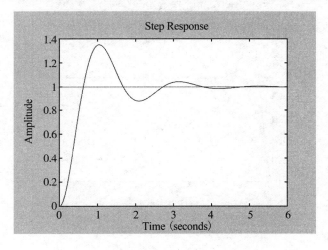

附图 1-4　阶跃响应图

3.实验内容(3)的源程序和实验结果

程序 1：

```
num=[36];       %固有频率为 6 rad/s。
den1=[1,2.4,36];  %阻尼比为 0.2。
den2=[1,4.8,36];  %阻尼比为 0.4。
den3=[1,7.2,36];  %阻尼比为 0.6。
den4=[1,9.6,36];  %阻尼比为 0.8。
den5=[1,12,36];   %阻尼比为 1。
den6=[1,24,36];   %阻尼比为 2。
```

```
G1=tf(num,den1);
G2=tf(num,den2);
G3=tf(num,den3);
G4=tf(num,den4);
G5=tf(num,den5);
G6=tf(num,den6);
step(G1,G2,G3,G4,G5,G6)
```

实验结果如附图 1-5 所示。

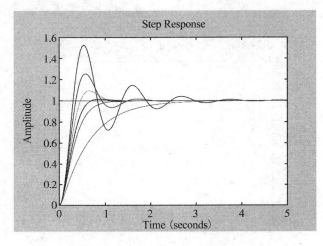

附图 1-5　实验结果

程序 2：

```
num1=[4];    ％固有频率为 2 rad/s。
num2=[16];     ％固有频率为 4 rad/s。
num3=[36];     ％固有频率为 6 rad/s。
num4=[64];     ％固有频率为 8 rad/s。
num5=[100];     ％固有频率为 10 rad/s。
num6=[144];     ％固有频率为 12 rad/s。
den1=[1,2.8,4];    ％阻尼比为 0.7。
den2=[1,5.6,16];     ％阻尼比为 0.7。
den3=[1,9.6,36];     ％阻尼比为 0.7。
den4=[1,11.2,64];     ％阻尼比为 0.7。
den5=[1,14,100];     ％阻尼比为 0.7。
den6=[1,16.8,144];     ％阻尼比为 0.7。
```

```
G1=tf(num1,den1);
G2=tf(num2,den2);
G3=tf(num3,den3);
G4=tf(num4,den4);
G5=tf(num5,den5);
G6=tf(num6,den6);
step(G1,G2,G3,G4,G5,G6)
```

实验结果如附图 1-6 所示。

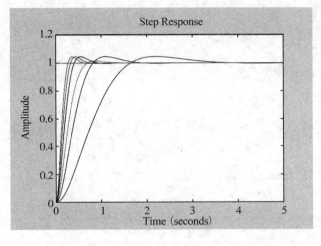

附图 1-6　实验结果

四、实验四的源程序和实验结果

1.实验内容(1)的源程序和实验结果

源程序如下：

```
num1=[1,2];
num2=[1];
num3=[1];
num4=[1,2];
den1=[1,2,3];
den2=conv([1,1,0],[1,2]);
den3=conv([1,4,0],[1,2,2]);
den4=conv([1,3,0],[1,2,2]);
```

```
G1=tf(num1,den1);
G2=tf(num2,den2);
G3=tf(num3,den3);
G4=tf(num4,den4);
subplot(2,2,1)
rlocus(G1)
subplot(2,2,2)
rlocus(G2)
subplot(2,2,3)
rlocus(G3)
subplot(2,2,4)
rlocus(G4)
```

实验结果如附图 1-7 所示。

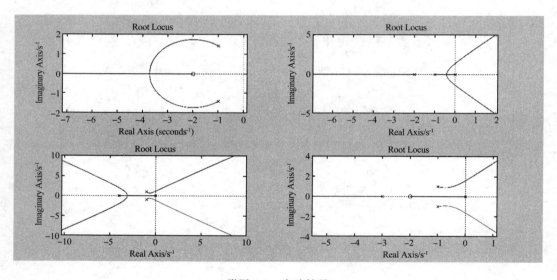

附图 1-7　实验结果

2.实验内容(2)的源程序和实验结果

源程序如下：

```
num1=[1];
den1=conv([1,1,0],[1,2]);
G1=tf(num1,den1);
rlocus(G1)
[K,P]=rlocfind(G1)
```

程序运行结果如下,分离点及增益值如附图 1-8 所示。

Select a point in the graphics window

selected_point＝

　　－0.4224－0.0085i

K＝

　　0.3850

P＝

　　－2.1547＋0.0000i

　　－0.4226＋0.0085i

　　－0.4226－0.0085i

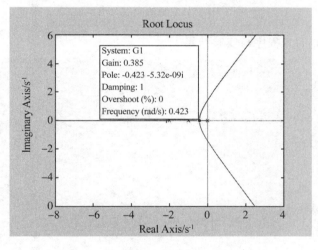

附图 1-8　分离点及增益值

运行结果如下,与虚轴的交点及增益值如附图 1-9 所示。

Select a point in the graphics window

selected_point＝

　　－0.0061＋1.4058i

K＝

　　5.9046

P＝

　　－2.9913＋0.0000i

　　－0.0044＋1.4050i

　　－0.0044－1.4050i

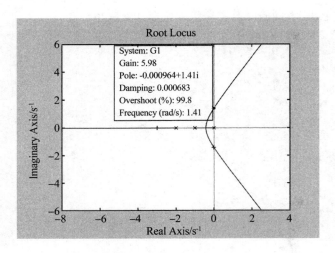

附图 1-9　与虚轴的交点及增益值

3.实验内容(3)的源程序与实验结果

源程序如下：

```
num1＝[1,2,4];
den1＝conv(conv([1,4,0],[1,6]),[1,4,1]);
G1＝tf(num1,den1);
rlocus(G1)
grid
title('常规根轨迹')
xlabel('Re')
ylabel('Im')
```

实验结果如附图 1-10 所示。

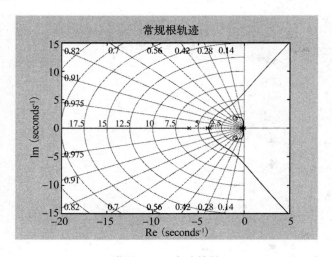

附图 1-10　实验结果

五、实验五的源程序和实验结果

1.实验内容(1)的源程序和实验结果

源程序如下:

```
num=[25];
den=[1,4,25];
num1=9*[1,0.2,1];
den1=[1,1.2,9,0];
subplot(1,2,1)
bode(num,den)
grid
title('Bode Plot of G(s)=25/(s^2+4s+25)')
subplot(1,2,2)
bode(num1,den1)
grid
title('Bode Plot of G(s)=9(s^2+1.2s+1)/s(s^2+1.2s+9)')
```

实验结果如附图 1-11 所示。

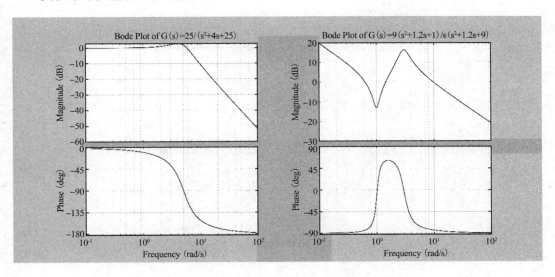

附图 1-11 实验结果

2.实验内容(2)的源程序和实验结果

源程序如下：

```
num=[0,0,1];
den=[1,0.8,1];
nyquist(num,den)
v=[-2,2,-2,2];
axis(v)
grid
title('Nyquist Plot of G(s)=1/(s^2+0.8s+1)')
```

实验结果如附图 1-12 所示。

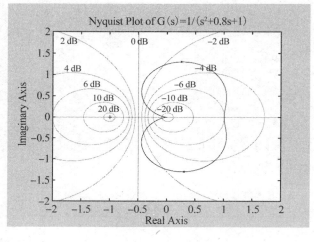

附图 1-12　实验结果

3.实验内容(3)的源程序和实验结果

源程序如下：

```
w=6;
k=0.1:0.1:1;
for n=1:10
    subplot(2,5,n)
    num=[w*w];
    den=[1,2*k(n)*w,w*w];
    bode(num,den)
    grid
end
```

实验结果如附图 1-13 所示。

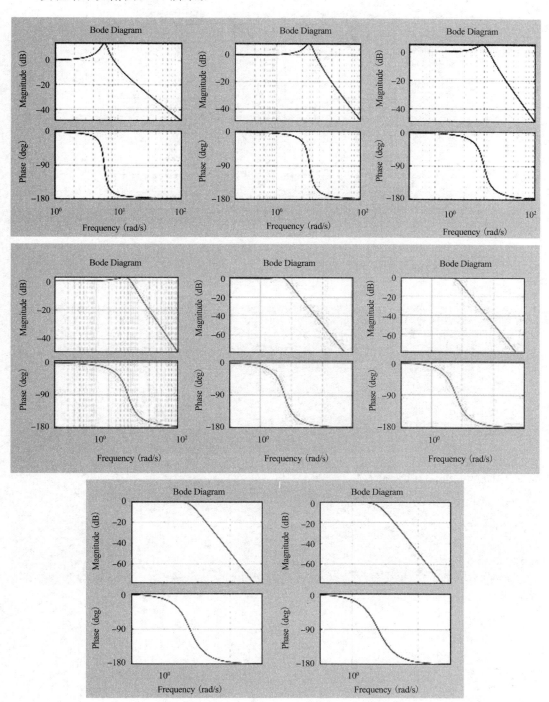

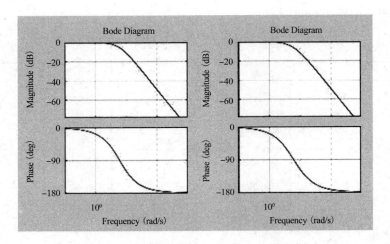

附图 1-13　实验结果

4.实验内容(4)的源程序和实验结果

源程序如下：

```
num＝[50];
den＝conv([1,5],[1,－2]);
G＝tf(num,den)
G1＝feedback(G,1)
subplot(1,2,1)
nyquist(num,den)
grid
title('Nyquist Plot of G(s)＝50/(s＋5)(s－2)')
subplot(1,2,2)
step(G1)
grid
title('Step response of system')
```

实验结果如附图 1-14 所示。

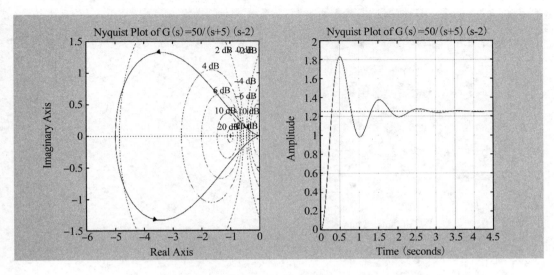

附图 1-14 实验结果

六、实验六的源程序和实验结果

源程序如下：

```
num＝[25];
den＝[1,4,25];
G＝tf(100000, conv([1,10],[1, 100]));
[Gw, Pw, Wcg, Wcp]＝margin(G)
num1＝[0.1,1];
den1＝[0.707,1];
G1＝tf(num1,den1)
bode(G, G * G1)
grid
[G1w, P1w, W1cg, W1cp]＝margin(G * G1)
```

运行结果如下,实验结果如附图 1-15 所示。

```
Gw=
  Inf
Pw=
  19.8264    ％校正之前的相位裕度。
Wcg=
  Inf
Wcp=
  308.3380
G1w=
  Inf
P1w=
  45.8094    ％校正之后的相位裕度。
W1cg=
  Inf
W1cp=
  100.0034
```

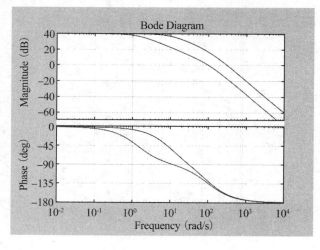

附图 1-15　实验结果

附图 1-16 为 Simulink 搭建的未校正系统和校正系统的模型图。附图 1-17 为附图 1-16中两个系统的阶跃响应情况。

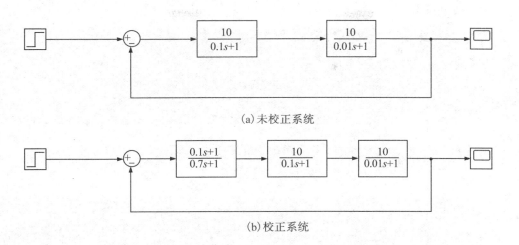

(a)未校正系统

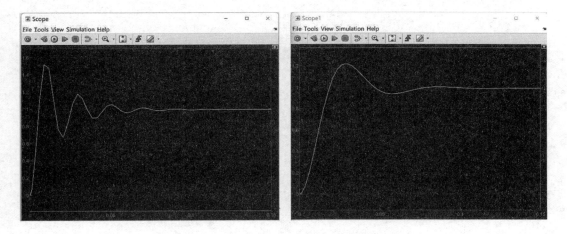

(b)校正系统

附图 1-16 Simulink 搭建的未校正系统和校正系统的模型图

附图 1-17 未校正系统和校正系统的阶跃响应

七、实验七的源程序和实验结果

1.实验内容(1)的源程序和实验结果

(1) $f_1(t) = e^{-at}$ 的 z 变换源程序如下:

```
syms n k T z t s
T=0.1;
x=ztrans(exp(−5 * n * T))
x1=simplify(x)
```

运行结果如下：

```
x=
z/(z-exp(-1/2))
x1=
z/(z-exp(-1/2))
```

(2)$F(s)=\dfrac{1}{(s+2)s(s+1)}$ 的 z 变换源程序如下：

第 1 步：

```
num=[1];
den=conv([1 1 0],[1,2]);
T=0.1;
G=tf(num,den);
y=ilaplace(1/s/(s+1)/(s+2),t)
y1=simplify(y)
```

运行结果如下：

```
y=
exp(-2*t)/2-exp(-t)+1/2
y1=
(exp(-2*t)*(exp(t)-1)^2)/2
```

第 2 步：

```
syms n k T z t s
T=0.1;
x=ztrans(exp(-2*n*T)/2-exp(-n*T)+1/2)
x1=simplify(x)
```

运行结果如下：

```
x=
z/(2*(z-1))+z/(2*(z-exp(-1/5)))-z/(z-exp(-1/10))
x1=
z/(2*(z-1))+z/(2*(z-exp(-1/5)))-z/(z-exp(-1/10))
```

2.实验内容(2)的源程序和实验结果

源程序如下：

```
syms n k T z
x=iztrans((z+0.5)/(z^2+3*z+2))
x1=simplify(x)
```

运行结果如下：

```
x=
(−1)^n/2−(3*(−2)^n)/4+kroneckerDelta(n,0)/4
x1=
(−1)^n/2−(3*(−2)^n)/4+kroneckerDelta(n,0)/4
```

3.实验内容(3)的源程序和实验结果

源程序如下：

```
num=[1];
den=[1 3 2];
T=0.1;
G=tf(num,den);
Gd1=c2d(G,T,'zoh')
Gd2=c2d(G,T,'foh')
```

运行结果如下：

```
Gd1=

      0.004528 z+0.004097
    ------------------------
      z^2−1.724z+0.7408

Sample time：0.1 seconds
Discrete-time transfer function.
Gd2=

    0.001547 z^2+0.005746 z+0.001332
    --------------------------------
        z^2−1.724 z+0.7408

Sample time：0.1 seconds
Discrete-time transfer function.
```

4.实验内容(4)源程序和实验结果

源程序如下：

```
T=0.05；
dnum=[3.4，-1.5]；
dden=[1，-1.4，0.8]；
sysd1=tf(dnum,dden,T)；
num=[0.2]；
den=[1，2，1]；
sys=tf(num,den)；
sysd2=c2d(sys,T,'ZOH')；
sysd=sysd1 * sysd2
sysbd=feedback(sysd,1)
[dnum,dden]=tfdata(sysbd,'v')；
pd=roots(dden)
t=0：0.05：5；
y=step(dnum,dden,t)；
stem(t,y)
xlabel('t')
ylabel('y')
grid
title('Unit step response of the closed loop pulse transfer funnction')
```

运行结果如下：

```
sysd=
        0.0008222z^2+0.0004325z-0.0003508
        ----------------------------------------
        z^4-3.302z^3+4.368z^2-2.789z+0.7239
Sample time:0.05 seconds
Discrete-time transfer function.
sysbd=
        0.0008222z^2+0.0004325z-0.0003508
        ----------------------------------------
        z^4-3.302z^3+4.369z^2-2.788z+0.7235
Sample time:0.05 seconds
Discrete-time transfer function.
pd=
```

0.7012＋0.5550i

0.7012－0.5550i

0.9500＋0.0466i

0.9500－0.0466i

实验结果如附图 1-18 所示，由此可以判定该系统是稳定的。

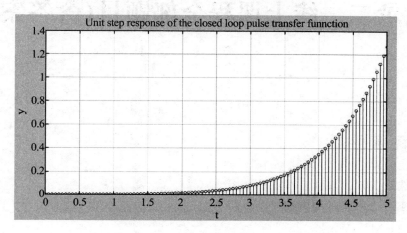

附图 1-18　实验结果

附录二 线上课程全部题目(含答案)

一、视频弹题

1.[单选题][00:05:01][0.2]

MATLAB 软件的生产商是(A)。

A. The MathWorks

B. 北太天元

C. MATrix LABoratory

D. 微软公司

2.[多选题][00:06:41][1.1]

下列选项中,关于 conv( )函数的说法正确的是(A、B、C)。

A. 计算两个向量的卷积

B. 完成多项式乘法

C. 允许任意多层嵌套

D. 完成多项式的加法

3.[单选题][00:05:39][1.2]

feedback( )函数的参数 sign 表示(C)。

A. 正反馈

B. 负反馈

C. 反馈类型

D. 正负反馈

4.[单选题][00:11:40][1.2]

cloop( )函数的参数 sign 缺省表示系统为(B)。

A. 正反馈

B. 负反馈

C. 正负反馈

D. 反馈类型

5.[判断题][00:05:20][2.1]

Simulink 是 MATLAB 软件的一个功能强大的工具箱。（ 对 ）

6.[判断题][00:10:15][2.1]

SCOPE 是 Simulink 模块库 Sources 里的一个输出显示模块。（ 错 ）

7.[判断题][00:04:57][3.1]

roots( )函数与 poly( )函数互为逆运算。（ 对 ）

8.[多选题][00:12:38][3.1]

residue( )函数的返回值包括哪几项？（ A、B、C ）。

A. 极点

B. 极点的留数

C. 余项

D. 零点

9.[单选题][00:05:16][3.2]

step( )函数输出的数值表示（ C ）。

A. 对应单位脉冲信号的系统响应

B. 对应单位斜坡信号的系统响应

C. 对应单位阶跃信号的系统响应

D. 对应单位加速度信号的系统响应

10.[多选题][00:06:12][3.3]

运用 MATLAB 求系统阶跃响应性能指标的方法有（ A、C ）。

A. 游动鼠标法

B. 试探法

C. 编程法

D. 实验法

11.[判断题][00:07:07][4.1]

rlocfind( )函数用来求取根轨迹上指定点处的开环增益值,并显示对应该增益的所有闭环极点。（ 对 ）

12.[单选题][00:06:08][4.2]

MATLAB 中绘制网格线的函数是（ A ）。

A. grid( )函数

B. step( )函数

    C. plot( )函数

    D. subplot( )函数

13.[判断题][00:04:56][5.1]

    nyquist( )函数是绘制系统伯德图的函数。（ 错 ）

14.[判断题][00:05:43][5.2]

    绘制开环伯德图可以使用 semilogx( )函数。（ 对 ）

15.[多选题][00:05:02][5.3]

    运用 MATLAB 绘图并求取系统稳定裕度(幅值裕度和相位裕度)的方法有(A、B)。

    A. 游动鼠标法

    B. Margin( )函数法

    C. 回溯法

    D. 实验法

16.[判断题][00:05:16][6.1]

    绘制伯德图是串联滞后校正装置设计仿真实验的必备环节。（ 对 ）

17.[判断题][00:03:51][7.1]

    ztrans( )函数和 iztrans( )函数互为逆运算。（ 对 ）

18.[单选题][00:05:20][7.2]

    c2d( )函数的参数 method 设为 zoh 表示（ A ）。

    A. 零阶保持器

    B. 一阶保持器

    C. 二阶保持器

    D. 三阶保持器

二、章节测试题

(一)章节测试题(1)

1.控制系统数学模型的实验目的是(A、B、C、D)。

    A. 掌握用 MATLAB 创建各种控制系统模型

    B. 掌握多环节串联连接时整体传递函数的求取方法

    C. 掌握多环节并联连接时整体传递函数的求取方法

    D. 掌握多环节反馈连接时整体传递函数的求取方法

2.运用 MATLAB 创建控制系统数学模型实验中介绍了（ D ）个实验原理。

    A. 2个

B. 3 个

C. 4 个

D. 5 个

3. feedback(　)函数与 cloop(　)函数中的 sign 参数表示的意思不一样。(　错　)

4. 用 MATLAB 将传递函数 $G(s)=\dfrac{s^4+3s^3+2s^2+s+1}{s^5+4s^4+3s^3+2s^2+3s+2}$ 转换为零极点形式的

程序代码是(D)。

A. num1＝[1,3,2,1,1]；den1＝[1,4,3,2,3,2]；G1＝tf(num，den)；G＝zpk(G1)

B. num＝[1,3,2,1,1]；den＝[1,4,3,2,3,2]；G1＝tf(num1，den1)；G＝zpk(G1)

C. num1＝[1,3,2,1,1]；den＝[1,4,3,2,3,2]；G1＝tf(num，den)；G＝zpk(G1)

D. num＝[1,3,2,1,1]；den＝[1,4,3,2,3,2]；G1＝tf(num，den)；G＝zpk(G1)

5. 用 MATLAB 将传递函数 $G(s)=\dfrac{15(s+3)}{(s+1)(s+5)(s+15)}$ 表达式转换成多项式的程

序代码是(　A、C　)。

A. num＝[15,45]；den＝conv(conv([1,1],[1,5]),[1,15])；G＝tf(num，den)

B. num＝[15,45]；den＝conv(conv([1,1] [1,5]),[1,15])；G＝tf(num1，den1)

C. K＝15；Z＝[−3]；P＝[−1;−5;−15]；G1＝zpk(Z,P,K)；G＝tf(G1)

D. K＝15；Z＝[−3]；P＝[−1;−5;−15]；G＝zpk(Z,P,K)

(二)章节测试题(2)

1. 典型环节模拟方法及动态特性实验的实验目的是(　B、C　)。

A. 通过 MATLAB 编程搭建典型环节数学模型

B. 通过 MATLAB 控制系统工具箱研究典型环节数学模型的搭建方法和动态特性分析

C. 通过 Simulink 仿真工具箱研究典型环节数学模型的搭建方法和动态特性分析

D. 通过 MATLAB 编程分析系统的动态特性

2. 典型环节模拟方法及动态特性实验介绍的实验原理有(　A、B、C　)。

A. 典型环节

B. 单位阶跃响应 step(　)函数

C. Simulink 建模方法

D. MATLAB 的启动与关闭

3.Simulink 工具箱模块库包括输入信号、输出显示、逻辑运算和非线性模块等许多子模型库。（ 对 ）

4.用 MATLAB 构造惯性环节并输出单位阶跃相应曲线的程序代码是（ D ）。

    A. num＝[1]；den＝[1,1]；step(num1，den1)

    B. num＝[1]；den＝[1,1]；step(G)

    C. num1＝[1]；den1＝[1,1]；step(num，den)

    D. num＝[1]；den＝[1,1]；step(num，den)

5.用 MATLAB 实现欠阻尼条件下二阶振荡环节单位阶跃响应的程序代码正确的是（ A、C ）。

    A. num＝[2]；den＝[1,1,2]；step(num，den)

    B. num＝[2]；den＝[1,5,2]；step(num，den)

    C. num＝[5]；den＝[1,1,2]；step(num，den)

    D. num＝[2]；den＝[1,1,0.1]；step(num，den)

（三）章节测试题(3)

1.控制系统时域分析实验的实验目的是（ A、B、C、D ）。

    A. 学习利用 MATLAB 进行控制系统时域分析

    B. 学习利用 MATLAB 进行控制系统典型响应分析

    C. 学习利用 MATLAB 进行控制系统稳定性判断

    D. 学习利用 MATLAB 进行控制系统动态特性

2.控制系统时域分析实验介绍的实验原理有（ A、B ）。

    A. 线性系统稳定性分析方法

    B. 线性系统动态特性分析方法

    C. 非线性系统分析方法

    D. 线性时变系统分析方法

3.利用 MATLAB 进行线性系统稳定性分析的方法是求出闭环特征方程的根。（ 对 ）

4.对于二阶系统 $G(s)=\dfrac{10}{s^2+2s+10}$，利用 MATLAB 求超调量的程序代码是（ D ）。

    A. num＝[10]；den＝[1,2,10]；G＝tf(num，den)；[y,t]＝step(G)；[Y,k]＝max(y)；timetopeak＝t(k)；C＝dcgain(G1)；percentovershoot＝100＊(Y－C)/C

    B. num1＝[10]；den1＝[1,2,10]；G1＝tf(num,den)；[y,t]＝step(G1)；[Y,k]

$=\max(y)$；timetopeak$=t(k)$；C$=$dcgain(G1)；percentovershoot$=100*(Y$
$-C)/C$

C. num$=[10]$；den$=[1,2,10]$；G1$=$tf(num,den)；$[y,t]=$step(G1)；$[Y,k]=$
max(y)；timetopeak$=t(k)$；C1$=$dcgain(G1)；percentovershoot$=100*(Y$
$-C)/C$

D. num$=[10]$；den$=[1,2,10]$；G$=$tf(num,den)；$[y,t]=$step(G)；$[Y,k]=$
max(y)；timetopeak$=t(k)$；C1$=$dcgain(G)；percentovershoot$=100*(Y-$
C1)/C1

5.对于典型二阶系统 $\dfrac{\omega_n^2}{s^2+2\xi\omega_n s+\omega_n^2}$，用 MATLAB 编程实现固有频率为 6 rad/s、阻尼比为 0.6 时的单位阶跃响应程序代码是(A、C)。

A. num$=[36]$；den$=[1,7.2,36]$；G$=$tf(num,den)；step(G)

B. num3$=[18]$；den3$=[1,7.2,36]$；G3$=$tf(num3,den3)；step(G3)

C. num$=[36]$；den3$=[1,7.2,36]$；G1$=$tf(num,den3)；step(G1)

D. num$=[18]$；den$=[1,7.2,36]$；G3$=$tf(num,den)；step(G3)

(四)章节测试题(4)

1.控制系统根轨迹分析实验的实验目的是(A、B、C)。

A. 利用 MATLAB 完成控制系统的根轨迹作图

B. 了解控制系统根轨迹图的一般规律

C. 利用根轨迹图进行系统分析

D. 利用频率特性进行系统分析

2.控制系统根轨迹分析实验介绍的实验原理有(B、C)。

A. 根轨迹的基本概念

B. 利用 MATLAB 绘制系统的根轨迹

C. MATLAB 绘图的基本知识

D. 根轨迹方程

3.利用 MATLAB 绘制根轨迹曲线一般是通过 rlocus( )函数实现的。(对)

4.对于开环传递函数为 $G(s)=\dfrac{2k}{s(s+1)(s+2)}$ 的系统,利用 MATLAB 绘制根轨迹的程序代码是(B)。

A. num$=[2]$；den$=$conv([1,1,0],[1,2])；G2$=$tf(num2,den)；rlocus(G2)

B. num$=[2]$；den$=$conv([1,1,0],[1,2])；G$=$tf(num,den)；rlocus(G)

C. num1$=[2]$；den1$=$conv([1,1,0],[1,2])；G1$=$tf(num2,den1)；rlocus(G2)

D. num＝[2]；den＝conv([1,1,0],[1,2])；G＝tf(num1,den)；rlocus(G)

5.对于开环传递函数为 $G(s)=\dfrac{k_g}{s(s+1)(s+2)}$ 的系统,用 MATLAB 求取分离点和

对应的根轨迹增益的程序代码是(A、C)。

A. num1＝[1]；den1＝conv([1,1,0],[1,2])；G1＝tf(num1,den1)；rlocus(G1)
　　[K,P]＝rlocfind(G1)

B. num1＝[1]；den2＝conv([1,1,0],[1,2])；G1＝tf(num1,den1)；rlocus(G2)
　　[K,P]＝rlocfind(G1)

C. num＝[1]；den＝conv([1,1,0],[1,2])；G＝tf(num,den)；rlocus(G)[K,P]＝
　　rlocfind(G)

D. num＝[1]；den＝conv([1,1,0],[1,2])；G1＝tf(num,den)；rlocus(G)[K,P]
　　＝rlocfind(G1)

(五)章节测试题(5)

1.控制系统频率特性分析实验的实验目的是(B,C,D)。

　A. 学习频率特性法及其基本概念

　B. 利用计算机绘制出开环系统的伯德图

　C. 观察记录控制系统的开环频率特性

　D. 分析控制系统的开环频率特性

2.控制系统频率特性分析实验介绍的实验原理有(A、C、D)。

　A. 用 MATLAB 绘制奈奎斯特图

　B. 了解频率特性的基本概念

　C. 用 MATLAB 绘制伯德图

　D. 用 MATLAB 求取稳定裕度

3.利用 MATLAB 绘制奈奎斯特图一般是通过 bode( ) 函数来实现的。(错)

4.对于开环传递函数为 $G(s)=\dfrac{1}{s^2+0.8s+1}$ 的系统,利用 MATLAB 绘制奈奎斯特图

的程序代码是(B)。

　A. num1＝[0,0,1]；den1＝[1,0.8,1]；nyquist(num, den)

　B. n＝[0,0,1]；d＝[1,0.8,1]；nyquist(n, d)

　C. num＝[0,0,1]；den＝[1,0.8,1]；nyquist(num1, den1)

　D. n1＝[0,0,1]；d＝[1,0.8,1]；nyquist(n1, d1)

5.对于开环传递函数为 $G(s)=\dfrac{25}{s^2+4s+25}$ 的系统,利用 MATLAB 绘制伯德图并设

置标题的程序代码是(B、C)。

A. num＝[5]；den＝[1,4,25]；bode(G) Grid title('Bode Plot of G(s)＝25/(s^2 ＋4s＋25)')

B. num＝[25]；den＝[1,4,25]；bode(num,den) Grid title('Bode Plot of G(s) ＝25/(s^2＋4s＋25)')

C. num＝[25]；den＝[1,4,25]；G＝tf(num,den)；bode(G) Grid title('Bode Plot of G(s)＝25/(s^2＋4s＋25)')

D. num＝[25]；den＝[1,4,5]；bode(num,den) Grid title('Bode Plot of G(s)＝ 25/(s^2＋4s＋5)')

(六)章节测试题(6)

1.串联校正环节设计实验的实验目的是(A、B)。

A. 学习使用 MATLAB 绘制伯德图

B. 熟悉使用频率特性法设计串联校正环节

C. 观察记录控制系统的根轨迹

D. 利用控制系统的根轨迹分析系统

2.串联校正环节设计实验原理描述正确的是(A、B、D)。

A. 利用 MATLAB 画出校正前系统伯德图并求出幅值裕度和相位裕度

B. 应用 MATLAB 画出伯德图并求出幅值裕度和相位裕度

C. 通过比较校正前后系统的根轨迹图来选择满足要求的校正装置

D. 通过绘制校正前后系统的伯德图来选择满足要求的校正装置

3.利用 MATLAB 绘制校正前后的奈奎斯特图可以选定满足要求的校正装置。(错)

4.对于开环传递函数为 $G(s)=\dfrac{K}{(s+10)(s+100)}$ 的系统,利用 MATLAB 绘制加入

滞后校正环节 $G(s)=\dfrac{(0.1s+1)}{(0.707s+1)}$ 前后的伯德图的程序代码是(D)。

A. G＝tf(100000, conv([1,10],[1, 100]))；num1＝[0.1,1]；den1＝[0.707, 1]；G1＝tf(num1,den1)bode(G, G1)

B. G＝tf(1000, conv([1,10],[1, 100]))；num1＝[0.1,1]；den1＝[0.707,1]； G1＝tf(num1,den1)bode(G, G*G1)

C. G＝tf(100000, conv([1,10],[1, 100]))；num＝[0.1,1]；den＝[0.707,1]； G1＝tf(num1,den1)bode(G, G*G1)

D. G＝tf(100000, conv([1,10],[1, 100]))；num1＝[0.1,1]；den1＝[0.707,1]；

G1＝tf(num1,den1)bode(G, G＊G1)

5.控制系统的复合校正装置可以用 MATLAB 实现校正前后的性能比较。（ 对 ）

（七）章节测试题（7）

1.离散控制系统分析实验的实验目的是（ A、C、D ）。

    A. 利用计算机进行 z 变换和 z 反变换

    B. 利用计算机进行拉普拉斯变换

    C. 利用计算机获得离散控制系统的数学模型

    D. 分析离散控制系统的稳定性

2.离散控制系统分析实验介绍的实验原理是（ A、B、C ）。

    A. z 变换和 z 反变换的 MATLAB 实现

    B. 连续系统模型与离散系统模型的转换函数

    C. 离散控制系统的稳定性分析

    D. 离散控制系统的基本概念

3.MATLAB 可以用 step( )函数绘制离散控制系统的脉冲响应图。（ 错 ）

4.函数 $F(s)=\dfrac{1}{s(s+1)(s+2)}$ 实现 z 变换的 MATLAB 程序代码是（ B、D ）。

    A. F＝1/s/(s＋1)/(s＋2)；y＝ilaplace(F)；T＝0.1；y1＝ztrans(y)

    B. syms n k T z t s；F＝1/s/(s＋1)/(s＋2)；y＝ilaplace(F)；T＝0.1；y1＝
ztrans(y)

    C. y＝ilaplace(1/s/(s＋1)/(s＋2)，t)；T＝0.1；y1＝ztrans(y)

    D. syms n k T z t s；y＝ilaplace(1/s/(s＋1)/(s＋2)，t)；T＝0.1；y1＝ztrans(y)

5.将连续系统模型 $F(s)=\dfrac{1}{(s+2)(s+1)}$ 用零阶和一阶保持器法分别进行离散化（采

样周期 $T=0.1$ s）的 MATLAB 程序代码是（ D ）。

    A. num＝[1]；den＝[1 3 2]；G＝tf(num,den)；Gd1＝c2d(G,T,'zoh') Gd2＝
c2d(G,T,'foh')

    B. num1＝[1]；den1＝[1 3 2]；T＝0.1；G＝tf(num,den)；Gd1＝c2d(G,T,
'zoh') Gd2＝c2d(G,T,'foh')

    C. num＝[1]；den＝[1 3 2]；T＝0.1；G＝tf(num,den)；Gd1＝c2d(G,T,'zoh')
Gd2＝c2d(G,T,'zoh')

    D. num＝[1]；den＝[1 3 2]；T＝0.1；G＝tf(num,den)；Gd1＝c2d(G,T,'zoh')
Gd2＝c2d(G,T,'foh')

三、章节讨论题

1.实验一

(1)多项式模型和零极点模型转换的内在原理是什么?试用 MATLAB 编程说明。

(2)数学模型连接形式有几种?

(3)反馈结构中 cloop( )函数与 feedback( )函数的区别是什么?

2.实验二

(1)用 Simulink 工具箱建模的优势有哪些?

(2)单位阶跃函数 step( )有哪几种参数形式?

(3)Simulink 工具箱输出显示模块 Sinks 中的 Scope 模块表示什么?

3.实验三

(1)用 MATLAB 函数进行系统稳定性判定的方法有哪些?

(2)用 MATLAB 求解部分分式的指令函数是什么?

(3)控制系统单位阶跃响应性能指标的求解方法有哪些?

4.实验四

(1)如何运用 MATLAB 求解根轨迹上的点及其对应的根轨迹增益?

(2)MATLAB 对数坐标系是否可以用 plot( )函数来绘制?

(3)MATLAB 绘制根轨迹图与手工绘制根轨迹图各有哪些优势?

5.实验五

(1)用 MATLAB 绘制幅相曲线和伯德图与手工绘制的区别有哪些?

(2)用伯德图求稳定裕度的方法有哪些?

(3)如何用奈奎斯特图判断系统的稳定性,试举例说明。

6.实验六

(1)为什么说频率特性法是进行控制系统校正装置设计的基础?

(2)试用 MATLAB 程序揭示控制系统超前和滞后两种串联校正装置改善系统品质的内在机理。

(3)复合校正装置能否用 MATLAB 编程实现?

7.实验七

(1)z 变换和拉普拉斯变换均可以用函数指令实现吗?试举例说明。

(2)z 变换和拉普拉斯变换两者通过 MATLAB 编程实现的区别有哪些?

(3)试用 MATLAB 程序揭示零阶保持器对离散控制系统的作用有哪些。

四、期末考题

期末考试主要通过两个论述题来考核,分别如下:

(1)试论述 MATLAB 编程语言在理论课程实验教学中的作用,从做过的仿真实验中选择其中 2～3 个来佐证提出的观点。

(2)结合个人实际情况,试论述学习"自动控制原理仿真实验"对学习"自动控制原理"课程所起到的作用是什么。

附录三　MATLAB 基本知识

一、基本绘图函数

1.创建绘图

plot( )函数有不同的形式,具体取决于输入参数。如果 y 被指定为输入参数,则 plot(y)会生成 y 元素与 y 元素索引的分段线图。如果 x,y 被指定为输入参数,则 plot(x,y)会生成 y 对 x 的图形。例如,使用冒号运算符创建从 $0\sim2\pi$ 的 x 向量,计算这些值的正弦,并绘制正弦图。程序代码如下:

```
x=0:pi/100:2*pi;
y=sin(x);
plot(x, y)
```

添加轴标签和标题;在 xlabel( )函数中用字符"\pi"创建符号"π"。title( )函数中的 FontSize 属性用于增大标题所用的文本大小。程序代码如下:

```
xlabel('x=0:2\pi')
ylabel('Sine of x')
title('Plot of the Sine Function', 'FontSize',12)
```

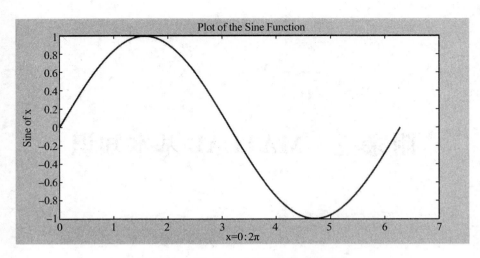

附图 3-1　用 plot( )函数绘制正弦函数

2. 一幅图形中绘制多个数据集

通过调用一次 plot( )函数,借用多组 x, y 参数创建多幅图形,并对每条线使用不同的颜色。例如,绘制 x 的三个正弦函数。程序代码如下:

```
x=0:pi/100:2*pi;
y=sin(x);
y2=sin(x-.25);
y3=sin(x-.5);
plot(x, y, x, y2, x, y3)
```

legend( )函数提供了一种标识各条线的简单方法,调用格式如下,运行结果如附图 3-2 所示。

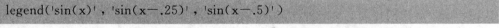

```
legend('sin(x)', 'sin(x-.25)', 'sin(x-.5)')
```

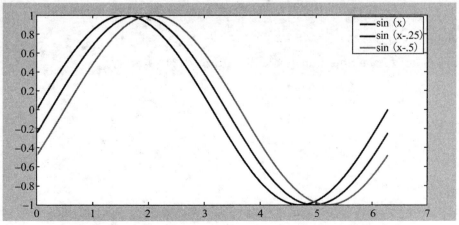

附图 3-2　用 plot( )函数绘制不同颜色的正弦函数

3.指定线型和颜色

使用 plot( )函数绘制图形时,可以指定颜色、线型和标记(例如"+"或"○"),调用格式如下:

plot(x, y, 'color_style_marker')

color_style_marker 包含 1～4 个字符(包括在单引号中),这些字符用于指定颜色、线型和标记类型。例如,使用红色点线绘制正弦线,并在每个数据点处放置一个"+"标记。程序代码如下,绘制结果如附图 3-3 所示。

```
x=0:pi/100:2 * pi;
y=sin(x);
plot(x, y, 'r:+')
legend('sin(x)')
```

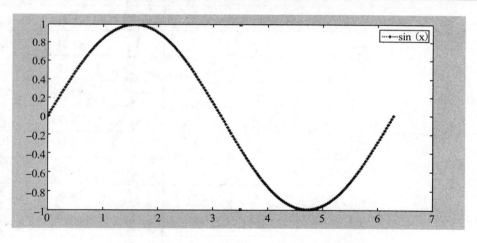

附图 3-3　用 plot( )函数绘制红色带"+"号的正弦函数

color_style_marker 由附表 3-1 中的元素组合构成。

附表 3-1　颜色、线型和标记类型对应表

类型	值	含义
颜色	'c'	青蓝
	'm'	品红
	'y'	黄
	'r'	红
	'g'	绿
	'b'	蓝
	'w'	白
	'k'	黑
线型	'—'	实线
	'—'	虚线
	':'	点线
	'—.'	点划线
	无字符	没有线条
标记类型	'+'	加号
	'o'	空心圆
	'*'	星号
	'x'	字母 X
	's'	空心正方形
	'd'	空心菱形
	'^'	空心上三角
	'v'	空心下三角
	'>'	空心右三角
	'<'	空心左三角
	'p'	空心五角形
	'h'	空心六角形
	无字符	无标记

4.绘制线条和标记

如果指定标记类型,但未指定线型,MATLAB 仅使用标记创建图形,而不会创建线条。例如,在每个数据点处绘制黑色正方形,但不使用线条连接标记。程序代码如下,运行结果如附图 3-4 所示。

```
x=0:pi/100:2*pi;
y=sin(x);
plot(x, y, 'ks')
legend('sin(x)')
```

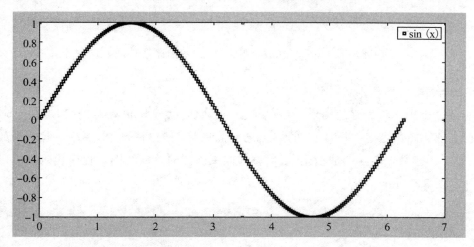

附图 3-4　用 plot( )函数绘制黑色正方形的正弦函数

下面展示如何使用比绘制线条更少的数据点来绘制图形标记。例如,使用点线图和标记图(分别采用不同数目的数据点)在同一个界面中绘制两次数据图,在每十个数据点处放置"+"号标记。程序代码如下,运行结果如附图 3-5 所示。

```
x1=0:pi/100:2*pi;
x2=0:pi/10:2*pi;
plot(x1, sin(x1), 'r:', x2, sin(x2), 'r+')
```

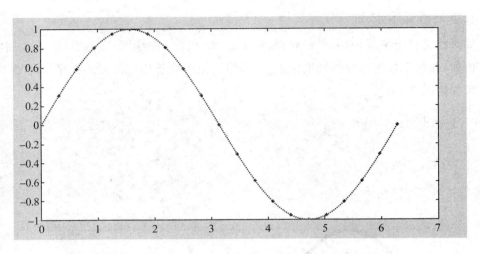

附图 3-5　plot(　)函数绘制的红色点线加标记正弦函数

5.将绘图添加到现有图形中

　　hold 命令用于将绘好的图形添加到现有图形中。执行 hold 命令时,MATLAB 不会在执行其他绘图命令时替换现有图形,而会将新图形与当前图形合并在一起。例如,先用 peaks(　)函数创建一个曲面图,然后叠加同一函数的等高线图。程序代码如下,运行结果如附图 3-6 所示。

```
[x, y, z]=peaks;
surf(x, y, z)
%Remove edge lines a smooth colors
shading interp
%
hold on
%Add the contour graph to the pcolor graph
contour3(x,y,z,20,'k')
%Return to default
hold off
```

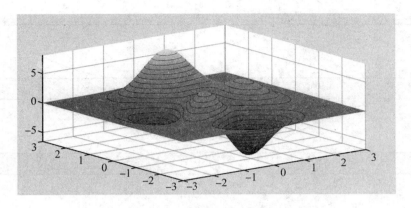

附图 3-6　用 hold( )函数绘制叠加复合等高线图形

6.图窗窗口设置

如果尚未创建图窗窗口,绘图函数会自动打开一个新的图窗窗口。如果打开了多个图窗窗口,MATLAB 将使用指定为"当前图窗"(通常为上次使用的图窗)的窗口。若想要将现有窗口设置为当前的图窗,可将光标放置在窗口中并单击,或者也可以使用 figure(n)命令,其中 n 是图窗标题栏中的编号。若想要打开新的图窗窗口并将其作为当前图窗,可使用 figure 命令。

清空旧图窗创建新绘图,应按照如下步骤操作:如果某图窗已存在,大多数绘图命令会清除坐标轴并使用此图窗创建新绘图。但是,这些绘图命令不会重置图窗属性,例如背景色或颜色图。如果之前的绘图中已设置了图窗属性,可以先使用带有 reset 选项的 clf 命令,即键入 clf reset 命令。然后创建新绘图,以便将此图窗的属性恢复为其默认值。

7.图窗中显示多个绘图

subplot( )函数用于在同一窗口中显示多个绘图,或者在同一张纸上打印这些绘图。执行 subplot(m, n, p),会将图窗窗口划分为由 $m \times n$ 个子图组成的窗口,并选择第 p 个子图作为当前绘图。这些绘图沿图窗窗口的第一行从左至右进行编号,然后沿第二行从左至右继续进行编号,依此类推。

例如,将图窗窗口划分为三个子图,在图窗窗口的三个子图中绘制图形,运行结果如附图 3-7 所示。

```
x=0:pi/20:2 * pi;
subplot(3, 1, 1); plot(sin(x))
subplot(3, 1, 2); plot(cos(x))
subplot(3, 1, 3); plot(sin(x). * cos(x))
```

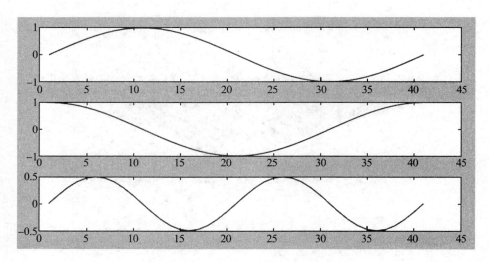

附图 3-7　用 subplot(　)函数绘制不同曲线

8.控制轴设置

axis 命令提供了许多用于设置图形比例、方向和纵横比的选项。默认情况下，MATLAB 查找数据的最大值和最小值，并选择坐标轴范围来覆盖此范围。MATLAB 自动选择坐标轴范围和刻度线值，以便生成可清楚显示数据的图形。另外，用户可以使用 axis(　)函数或 xlim(　)、ylim(　)与 zlim(　)函数来设置坐标轴范围。

注意：更改某坐标轴的极限时其他坐标轴极限也发生更改，以便更好地表示数据。若要禁用自动极限设置，可使用 axis manual 命令。

(1)设置坐标轴范围：axis 命令可用于指定坐标轴的范围，如 axis([xmin xmax ymin ymax])。对于三维图形，则采用 axis([xmin xmax ymin ymax zmin zmax])命令设置坐标轴。重新启用自动设置坐标轴范围的命令为 axis auto。axis 命令可以设置轴纵横比，axis 命令也可用于指定多种预定义模式。例如，使 x 轴和 y 轴长度相同的命令为 axis square；使 x 轴和 y 轴上各个刻度线增量相同的命令为 axis equal。绘制椭圆的命令为 plot(exp(1i * (0:pi/10:2 * pi)))，后跟 axis square 或 axis equal 会将椭圆形转变为正圆。将坐标轴比例恢复为其默认的自动模式的命令为 axis auto normal。

(2)设置坐标轴可见性：axis 命令还可以显示或隐藏坐标轴，axis on 可以显示坐标轴，axis off 可以隐藏坐标轴，默认设置为显示坐标轴。grid 命令可以启用和禁用网格线，grid on 可以启用网格线，grid off 可以禁用网格线。

(3)添加坐标轴标签：使用 xlabel 命令和 ylabel 命令可以对 x 轴和 y 轴添加标签。

(4)添加标题(title)：使用 title 命令可以在图形中添加标题。

程序示例代码如下：

```
t=-pi:pi/100:pi;
y=sin(t);
plot(t,y)
axis([-pi pi -1 1])
xlabel('-pi \leq {\itt} \leq pi')
ylabel('sin(t)')
title('Graph of the sine function')
text(0.5,-1/3,'{\itNote the odd symmetry.}')
```

结果如附图 3-8 所示。

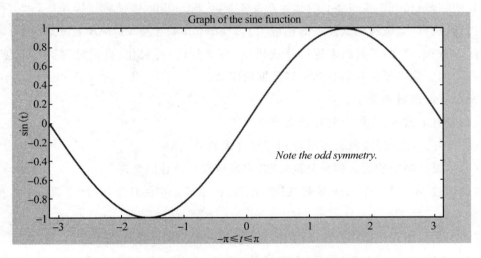

附图 3-8　运用 axis 命令绘制不同参数的坐标轴曲线

二、Simulink 基本知识

1.Simulink 简介

Simulink 是 MATLAB 中的一种可视化仿真工具，是一种基于 MATLAB 的框图设计环境，是一个实现动态系统建模、仿真和分析的软件包，被广泛应用于线性系统、非线性系统、数字控制及数字信号处理的建模和仿真。Simulink 提供了一个动态系统建模、仿真和综合分析的集成环境。在该环境中，无需大量编写程序，而只需要通过简单直观的鼠标操作，就可构造出复杂的系统。Simulink 具有适应面广、结构和流程清晰、仿真精细、贴近实际、效率高、灵活等优点。目前已有大量的第三方软件和硬件可应用于或被要求应用于 Simulink。

2.Simulink 的功能

Simulink 可以用连续采样时间、离散采样时间或两种混合的采样时间进行建模,它也支持多速率系统,即系统中的不同部分具有不同的采样速率。为了创建动态系统模型,Simulink 提供了一个建立模型方块图的图形用户接口,用户只需单击和拖动鼠标就能完成操作,过程快捷、直接明了,而且用户可以立即看到系统的仿真结果。

Simulink 是用于动态系统和嵌入式系统的多领域仿真工具和基于模型的设计工具。对各种时变系统,包括通信系统、控制系统、信号处理系统、视频处理系统和图像处理系统,Simulink 提供了交互式图形化环境,可定制模块库来对其进行设计、仿真、执行和测试。

构架在 Simulink 基础之上的其他产品扩展了 Simulink 多领域建模功能,也提供了用于设计、执行、验证和确认任务的相应工具。Simulink 与 MATLAB 紧密集成,可以直接访问 MATLAB 的工具箱来进行算法研发,仿真分析,可视化、批量处理脚本的创建,建模环境的定制以及信号参数和测试数据的定义。

Simulink 的特点如下:

(1)具有丰富的、可扩充的预定义模块库。

(2)交互式的图形编辑器可组合和管理直观的模块图。

(3)用设计功能的层次性来分割模型,实现对复杂设计的管理。

(4)通过 Model Explorer 导航、创建、配置、搜索模型中的任意信号、参数、属性,生成模型代码。

(5)提供应用程序接口(API),用于与其他仿真程序的连接或与手写代码集成。

(6)使用 Embedded MATLAB 模块在 Simulink 和嵌入式系统执行中调用 MATLAB 算法。

(7)使用定步长或变步长运行仿真,根据仿真模式(包括 Normal、Accelerator、Rapid Accelerator)来决定以解释性的方式运行模型或以编译 C 代码的形式来运行模型。

(8)使用图形化的调试器和剖析器来检查仿真结果,诊断设计的性能和异常行为。

(9)可访问 MATLAB 从而对仿真结果进行分析与可视化处理,定制建模环境,定义信号参数和测试数据。

(10)使用模型分析和诊断工具来保证模型的一致性,诊断模型中的错误。

3.Embedded Coder 和 Simulink Coder

Embedded Coder 是用于开发源代码的工具,为 MATLAB 扩展了可用于嵌入式软件开发的功能,可以生成具有专业人工代码清晰度、高效率等优点的代码。例如可以:

(1)生成紧凑、快速的代码。

（2）在大规模生产中使用微处理器以及嵌入式系统。

（3）自定义生成代码的外观。

（4）针对特定的应用要求,对生成的代码进行优化。

（5）启用追溯选项,帮助用户验证生成的代码。

MATLAB Coder 用于从 MATLAB 中生成 ANSI C/C＋＋代码,同时也是使用 Simulink Coder 的一个前置条件。

Simulink Coder 的功能与 MATLAB Coder 相似,可以从 Simulink 中生成 ANSI C/C＋＋代码。Embedded Coder 则可以进一步针对 MATLAB Coder 或者 Simulink Coder 生成的代码进行优化和定制,从而生成可以应用到嵌入式产品中的产品级代码。

4..slx 文件与.mdl 文件

在 MATLAB 2012b 之前的版本中,Simulink 模型默认文件后缀名为.mdl; MATLAB 2012b 及以后的版本中,Simulink 模型默认文件后缀名为.slx。

.slx 文件是二进制格式文件,而.mdl 文件是文本格式文件。由于.slx 文件相对.mdl 文件被压缩,通常.slx 文件的大小会比相同的.mdl 文件小。这两种模型文件的区别如附表 3-2 所示。

附表 3-2　.slx 文件与.mdl 文件的对比表

类型	文件格式	文件大小	打开速度	运行速度
.slx 文件	二进制文件	较小	相当	相当
.mdl 文件	文本文件	较大	相当	相当

5. Simulink 的启动

方式一:菜单栏启动,单击菜单栏中的 Simulink 铵钮启动,如附图 3-9 所示。

附图 3-9　单击菜单栏中的按钮启动 Simulink

方式二:命令行窗口启动,输入 Simulink 命令,按下回车键,如附图 3-10 所示。

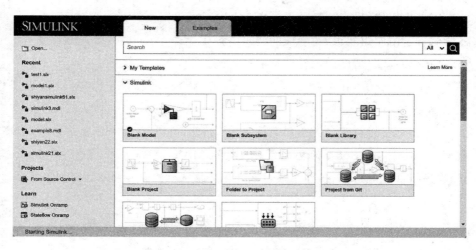

附图 3-10　运用命令启动 Simulink

6.MATLAB 运行 Simulink 命令

常用命令有仿真命令、线性化和整理命令、构建模型命令、封装命令、诊断命令、硬拷贝和打印命令,如附表 3-3～附表 3-8 所示。

附表 3-3　仿真命令

仿真命令	功能
sim	仿真运行一个 Simulink 模块
sldebug	调试一个 Simulink 模块
simset	设置仿真参数
simget	获取仿真参数

附表 3-4　线性化和整理命令

仿真命令	功能
linmod	从连续时间系统中获取线性模型
linmod2	采用高级方法获取线性模型
dinmod	从离散时间系统中获取线性模型
trim	为一个仿真系统寻找稳定的状态参数

附表 3-5　构建模型命令

仿真命令	功能
open_system	打开已有的模型或模块
close_system	关闭打开的模型或模块
new_system	创建一个新的模型窗口
load_system	加载已有的模型并使模型不可见
save_system	保存一个打开的模型
add_block	添加一个新的模块
add_line	添加一条线（两个模块之间的连线）
delete_block	删除一个模块
delete_line	删除一条线
find_system	查找一个模块
hilite_system	使一个模块醒目显示
replace_block	用一个新模块代替已有的模块
set_param	为模型或模块设置参数
get_param	获取模块或模型的参数
add_param	为一个模型添加用户自定义的字符串参数
delete_param	从一个模型中删除一个用户自定义的参数
bdclose	关闭一个 Simulink 窗口
bdroot	获取根层次下的模块名字
gcb	获取当前模块的名字
gcbh	获取当前模块的句柄
gcs	获取当前系统的名字
getfullname	获取一个模块的完全路径名
slupdate	将 1.x 的模块升级为 3.x 的模块
addterms	为未连接的端口添加 terminators 模块
boolean	将数值数组转化为布尔值
slhelp	为 Simulink 用户提供向导或者模块帮助

附表 3-6　封装命令

仿真命令	功能
hasmask	检查已有模块是否封装
hasmaskdlg	检查已有模块是否有封装的对话框
hasmaskicon	检查已有模块是否有封装的图标
iconedit	使用 ginput 函数来设计模块图标
maskpopups	返回并改变封装模块的弹出菜单项
movemask	重建内置封装模块为封装的子模块

附表 3-7　诊断命令

仿真命令	功能
sllastdiagnostic	上一次诊断信息
sllasterror	上一次错误信息
sllastwarning	上一次警告信息
sldiagnostics	为一个模型获取模块的数目和编译状态

附表 3-8　硬拷贝和打印命令

仿真命令	功能
frameedit	编辑打印界面
print	将 Simulink 系统打印成图片,或将图片保存为 M 文件
printopt	打印机默认设置
orient	设置纸张的方向

7.Simulink 的模块库

启动 Simulink 之后,单击 Create model 后出现附图 3-11 所示窗口。

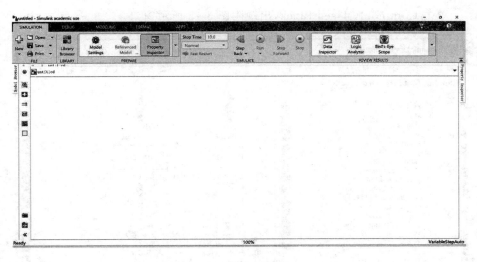

附图 3-11　Simulink 操作面板

再单击 Library,出现附图 3-12 所示窗口。

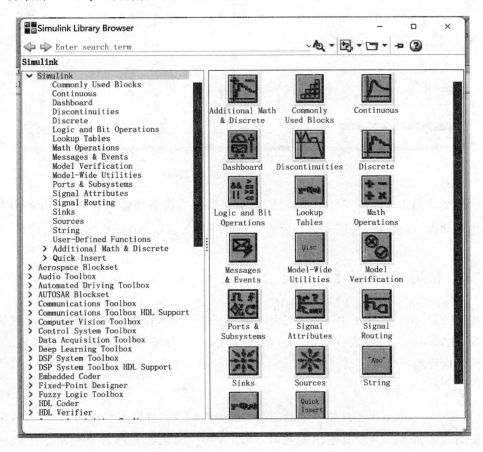

附图 3-12　Simulink Library Browser 界面

单击 Commonly Used Block，出现附图 3-13 所示窗口。

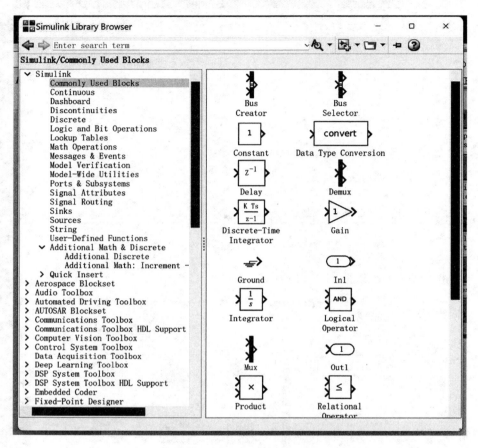

附图 3-13　Simulink 的常用模块

选择模块用于构建所需要的系统模型，如果窗口中没有所需的模块，可以单击左侧的菜单选择可用的模块，不同菜单对应的模块可参考 MATLAB 教程，此处不再赘述。

三、常用直接绘图函数

在 MATLAB 中，除了上述基本绘图和建模命令之外，还有一些直接调用绘图的专用函数，比如 step(　)函数、rlocus(　)函数、nyquist(　)函数和 bode(　)函数等，下面简要地予以介绍。

1.step(　)函数

(1)step(　)函数用于计算一个动态系统的阶跃响应。在状态空间的情况下，假定系统的初始状态为零。当没有输出参数时，调用 step(　)函数在屏幕上画出系统的阶跃响应。

（2）step(sys)用于画出任意一个系统 sys 的阶跃响应。示例代码如下,运行结果如附图 3-14 所示。

```
num=2;
den=[1,1,2];
sys=tf(num, den);
step(sys)
```

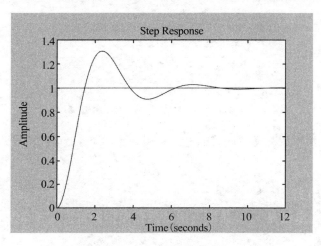

附图 3-14　典型欠阻尼系统的阶跃响应曲线

（3）step(sys，Tfinal)用于绘制系统 sys 从时间 0 到 Tfinal 的阶跃响应。表达式 Tfinal 在 sys 的系统时间单位属性中是被指定的。对于未指定采样时间的离散时间系统,绘制阶跃响应时将 Tfinal 作为采样周期来模拟。

（4）step(sys，t)使用用户提供的时间矢量 t 来模拟系统的阶跃响应。在系统时间单位中,t 在 sys 的时间单位属性中是被指定的。示例代码如下,运行结果如附图 3-15 所示。

```
num=2;
den=[1,1,2];
sys=tf(num, den);
t=0.5:0.1:8;
step(sys,t)
```

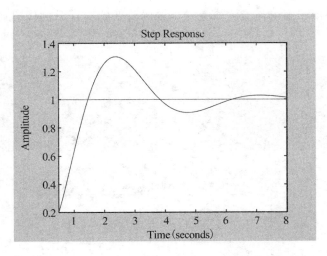

附图 3-15　设定时间区间的 step(　)函数输出曲线

（5）在一个图上画出一系列系统模型 sys1,sys2,…,sysN 的阶跃响应,代码格式如下：

```
step(sys1,sys2,…,sysN);
step(sys1,sys2,…,sysN,Tfinal);
step(sys1,sys2,…,sysN,t);
```

所有将被画在一个图上的系统必须有相同数量的输入和输出。示例代码如下,运行结果如附图 3-16 所示。

```
num=2;
den=[1,1,2];
num1=4;
den1=[1,1,4];
num2=9;
den2=[1,1,9];
sys=tf(num,den);
sys1=tf(num1,den1);
sys2=tf(num2,den2);
step(sys,sys1,sys2)
```

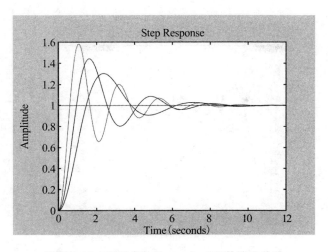

附图 3-16　不同参数的 step(　)函数输出曲线

（6）给每个系统指定一个独特的颜色、线型、标记，或者三者都有，例如 step(sys1,'y:',sys2,'g－－')。示例代码如下，输出结果如附图 3-17 所示。

```
num＝2；
den＝[1,1,2]；
num1＝4；
den1＝[1,1,4]；
num2＝9；
den2＝[1,1,9]；
sys＝tf(num, den)；
sys1＝tf(num1, den1)；
sys2＝tf(num2, den2)；
step(sys, sys1,'y:',sys2,'g－－')
```

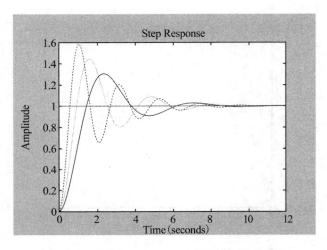

附图 3-17　不同线型的 step(　)函数输出曲线

2. rlocus(　)函数

rlocus(　)函数的功能是绘制系统的根轨迹。调用格式如下：

```
rlocus(G)
rlocus(n,d)
```

　　rlocus(　)函数可计算出或画出单一输入单一输出系统（SISO 系统）的根轨迹，命令中的中 G（或 n,d）为对象模型，输入变量 *k* 为用户自己选择的增益向量，当 *k* 缺省时则系统自动生成增益向量，返回变量 *r* 为根轨迹各个点构成的复数矩阵。如果在函数调用中不需要返回任何参数，则 rlocus(　)函数会直接在当前窗口中画出系统的根轨迹图。示例代码如下，运行结果如附图 3-18 所示。

```
num=2;
den=[1,2,0];
sys=tf(num, den);
rlocus(sys)
```

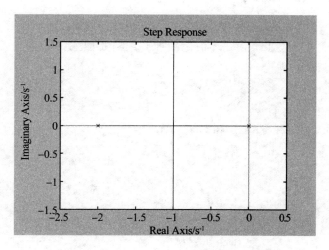

附图 3-18   用 rlocus(   )函数输出根轨迹图形

3.nyquist(   )函数

nyquist(   )函数的功能是绘制开环传递函数的幅相曲线。调用格式如下：

```
nyquist(G)
nyquist(n,d)
```

示例代码如下,运行结果如附图 3-19 所示。

```
num=2;
den=[1,2,2];
G=tf(num,den);
nyquist(G)
```

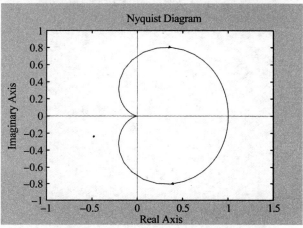

附图 3-19   nyquist(   )函数输出幅相曲线

4.bode( )函数

bode( )函数的功能是绘制开环伯德图。调用格式如下：

```
bode(G)
bode(n,d)
```

示例代码如下,运行结果如附图 3-20 所示。

```
num=2;
den=[1,2,2];
G=tf(num,den);
bode(G)
grid
```

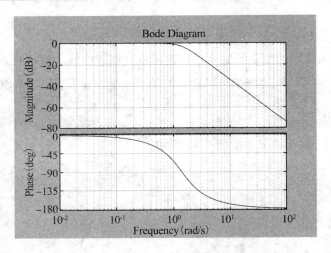

附图 3-20　用 bode( )函数绘制的伯德图

附录四　z 变换与拉普拉斯变换

z 变换与拉普拉斯变换对照表如附表 4-1 所示。

附表 4-1　z 变换与拉普拉斯变换对照表

序号	$X(s)$	$x(t)$或 $x(k)$	$X(z)$
1	1	$\delta(t)$	1
2	e^{-kTs}	$\delta(t-kT)$	z^{-k}
3	$\dfrac{1}{s}$	$1(t)$	$\dfrac{z}{z-1}$
4	$\dfrac{1}{s^2}$	t	$\dfrac{Tz}{(z-1)^2}$
5	$\dfrac{1}{s^3}$	$\dfrac{t^2}{2!}$	$\dfrac{T^2z(z+1)}{2!\,(z-1)^3}$
6	$\dfrac{1}{s^4}$	$\dfrac{t^3}{3!}$	$\dfrac{T^3z(z^2+4z+1)}{3!\,(z-1)^4}$
7	$\dfrac{1}{s^{n+1}}$	$\dfrac{t^n}{n!}$	$\dfrac{T^nzRn(z)}{n!\,(z-1)^{n+1}}$
8	$\dfrac{1}{s+a}$	e^{-at}	$\dfrac{z}{z-e^{-aT}}$
9	$\dfrac{1}{(s+\alpha)(s+\beta)}$	$\dfrac{1}{\alpha+\beta}(e^{-at}-e^{-\beta t})$	$\dfrac{1}{\alpha-\beta}\left(\dfrac{z}{z-e^{-\alpha T}}-\dfrac{z}{z-e^{-\beta T}}\right)$
10	$\dfrac{1}{s(s+\alpha)}$	$\dfrac{1}{\alpha}(1-e^{-at})$	$\dfrac{1}{\alpha}\cdot\dfrac{(1-e^{-at})z}{(z-1)(z-e^{-\alpha T})}$
11	$\dfrac{1}{s^2(s+a)}$	$\dfrac{1}{\alpha}\left(t-\dfrac{1-e^{-at}}{a}\right)$	$\dfrac{1}{\alpha}\cdot\left[\dfrac{Tz}{(z-1)^2}-\dfrac{(1-e^{-aT})z}{\alpha(z-1)(z-e^{-aT})}\right]$
12	$\dfrac{1}{(s+a)^2}$	te^{-at}	$\dfrac{Tze^{-aT}}{(z-e^{-aT})^2}$
13	$\sin\omega t$	$\dfrac{\omega}{s^2+\omega^2}$	$\dfrac{z\sin\omega T}{z^2-2z\cos\omega T+1}$

序号	$X(s)$	$x(t)$或$x(k)$	$X(z)$
14	$\dfrac{s}{s^2+\omega^2}$	$\cos \omega t$	$\dfrac{z(z-\cos \omega T)}{z^2-2z\cos \omega T+1}$
15	$\dfrac{\omega}{(s+\alpha)^2+\omega^2}$	$e^{-\alpha t}\sin \omega t$	$\dfrac{ze^{-\alpha T}\sin \omega T}{z^2-2ze^{-\alpha T}\cos \omega T+e^{-2\alpha T}}$
16	$\dfrac{s+\alpha}{(s+\alpha)^2+\omega^2}$	$e^{-\alpha t}\cos \omega t$	$\dfrac{z^2-ze^{-\alpha T}\cos \omega T}{z^2-2ze^{-\alpha T}\cos \omega T+e^{-2\alpha T}}$
17	$\dfrac{1}{s-\dfrac{\ln \alpha}{T}}$	α^k	$\dfrac{z}{z-\alpha}$
18	$\dfrac{1}{s+\dfrac{\ln \alpha}{T}}$	$\alpha^k\cos k$	$\dfrac{z}{z+\alpha}$
19	$\dfrac{\alpha}{s^2-\alpha^2}$	$\text{sh}\,\alpha t$	$\dfrac{z\,\text{sh}\,\alpha T}{z^2-2z\,\text{ch}\,\alpha T+1}$
20	$\dfrac{s}{s^2+\alpha^2}$	$\text{ch}\,\alpha t$	$\dfrac{z(z-\text{ch}\,\alpha T)}{z^2-2z\,\text{ch}\,\alpha T+1}$

注：$x(t)$或$x(k)$为原函数，$X(s)$为拉普拉斯变换，$X(z)$为z变换。

参考文献

[1] 王划一，杨西侠. 自动控制原理[M]. 3 版. 北京：国防工业出版社，2017.

[2] 王燕舞. 自动控制原理：经典控制[M]. 北京：高等教育出版社，2023.

[3] 王正林，刘明，陈连贵. 精通 MATLAB[M]. 北京：电子工业出版社，2013.

[4] 张德丰. MATLAB R2015b 数学建模[M]. 北京：清华大学出版社，2016.

[5] 甘勤涛，彭舒，吴丽芳. MATLAB 2020 智能算法从入门到精通[M]. 北京：机械工业出版社，2022.

[6] 薛山. MATLAB 基础教程[M]. 5 版. 北京：清华大学出版社，2022.

[7] 齐晓慧，董海瑞，李建增，等. 基于"三层次"的自动控制原理实验教学研究[J]. 电气电子教学学报，2006，28(3)：80-84.

[8] 孙洁. "自动控制原理"实验教学改革的实践[J]. 电气电子教学学报，2009，31(6)：69-70.

[9] 金鑫，谢昭莉，盛朝强，等. "自动控制原理"实验教学改革的创新与实践[J]. 电气电子教学学报，2009，31(s2)：31-33.

[10] 崔治，肖卫初. 自动控制原理教学改革探索与实践[J]. 中国电力教育，2011(30)：200-201.

[11] 刘芹，吴卓葵，程建兴. MATLAB 仿真技术在自动控制原理教学中的应用[J]. 中国电力教育，2012(12)：76-77.

[12] 燕涛，朱莉，翁智. "自动控制原理"课程教学改革的探索与实践[J]. 实验室研究与探索，2013，32(11)：389-392.

[13] 王喜莲，林飞，徐春梅，等. "自动控制原理"课程教学探索[J]. 电气电子教学学报，2015，37(4)：29-31.

[14] 吴宪祥，郭宝龙，闫允一，等. 基于 MATLAB 的"自动控制原理"课程辅助教学探讨索[J]. 电气电子教学学报，2016，38(6)：135-137.

[15] 张姣，王瑞芳，杨佳义. MATLAB 与自动控制原理相结合的教学研究[J]. 自动

化应用，2018(1)：151-153.

[16] 王桂芳，程上方，张瑜. 自动控制原理实验教学改革探索[J]. 实验科学与技术，2020，18(2)：98-101.

[17] 张园，刘淑波，初俊博."自动控制原理"课程教学改革的探索与实践[J]. 电气电子教学学报，2021，43(4)：75-77.

[18] 朱文兴."自动控制原理"课程思政教学案例设计与实践[J]. 电气电子教学学报，2021，43(5)：16-19＋38.

[19] 李珊珊，孔德刚，弋景刚，等. MATLAB 在"自动控制原理"课程中的应用研究[J]. 河北农机，2021(3)：25-26.

[20] 席敏燕. MATLAB 在"自动控制原理"课程中的应用[J]. 现代信息科技，2022，6(19)：185-187.

[21] 程荣俊，叶运生，方可，等. 面向"自动控制原理"课程教学的仿真软件开发[J]. 电气电子教学学报，2022，44(6)：167-170.

[22] 刘冲，李军红，陈琛，等."自动控制原理"实验多维度教学模式实践[J]. 电气电子教学学报，2023，45(2)：219-222.